2017 国家出版基金资助项目

国家出版基金项目
NATIONAL PUBLICATION FOUNDATION

生物质树脂、纤维及生物复合材料
Bio-sourced Resins, Plant Fibers and Biocomposites

益小苏　李岩　编著

中国建材工业出版社

图书在版编目（CIP）数据

生物质树脂、纤维及生物复合材料／益小苏，李岩
编著．—北京：中国建材工业出版社，2017.8（2018.3 重印）
ISBN 978-7-5160-1825-5

Ⅰ.①生… Ⅱ.①益… ②李… Ⅲ.①树脂基复合材
料②生物材料-复合材料 Ⅳ.①TB33

中国版本图书馆 CIP 数据核字（2017）第 076019 号

内 容 简 介

本书主要围绕生物质复合材料的高性能化和多功能化的最新研究进展进行介绍，对于读者充分了解这一领域的关键科学问题、基础应用研究成果以及相关示范应用等有很大的帮助，对于航空、汽车、轨道交通、建筑等领域的绿色化发展有一定的启发和助益。

生物质树脂、纤维及生物复合材料

益小苏　李岩　编著
出版发行：中国建材工业出版社
地　　址：北京市海淀区三里河路 1 号
邮　　编：100044
经　　销：全国各地新华书店
印　　刷：北京雁林吉兆印刷有限公司
开　　本：787mm×1092mm　1/16
印　　张：9.25
字　　数：220 千字
版　　次：2017 年 8 月第 1 版
印　　次：2018 年 3 月第 2 次
定　　价：80.00 元

本社网址：www.jccbs.com　　微信公众号：zgjcgycbs
本书如出现印装质量问题，由我社市场营销部负责调换。联系电话：（010）88386906

益小苏，男，生于 1953 年，1986 年在德国取得博士学位，教授，博导；北京航空材料研究院科技委主任，先进复合材料国家重点实验室主任，国际先进材料与工艺技术学会（SAMPE）北京分会主席，亚-澳复合材料理事会（ACCM Council）理事，世界粘接技术学会（WRCAP）常务理事（IOC-member），中国材料研究学会常务理事，中国复合材料学会常务理事，中国航空学会材料工程专业分会副主任等。

益小苏教授曾获得国防科学技术进步二等奖（国防科工委，2006），国家科技部 863 计划个人重大贡献奖，中国航空工业总公司（部级）科技进步二等奖（1998），国家教委科技进步三等奖（甲类，1992），全国科教十杰青年（全国青联/团中央，1989），中国首届青年科技奖/青年科学家奖（中国科协/中组部/劳动人事部，1988），全国新长征突击手（全国青联/团中央，1987）；国际、国家和国防发明专利约 20 项。

主要论著：《先进复合材料技术研究与发展》《复合导电高分子材料的功能原理》《高分子材料的制备与加工》《叠层胶粘复合材料概论》和 "Beitrag zum structurabhaengigen mechanischen Verhalten von Klebstoffschichten"（德国 DVS 出版社）等约 10 种；国内外发表学术论文 250 篇以上，其中被 SCI、EI 等收录 400 次以上。

Bio-sourced Resins, Plant Fibers and Biocomposites 作者简介

李岩，女，生于 1971 年，教授，同济大学航空航天与力学学院院长，同济大学先进土木工程材料教育部重点实验室副主任；担任亚澳复合材料学会理事，SAMPE 中国常务理事及绿色复合材料专业委员会主任，中国复合材料学会常务理事，中国复合材料学会天然纤维增强复合材料专业委员会副主任，中国力学学会对外交流与合作工作委员会委员，中国航空学会复合材料分委员会委员等职；国际期刊 "Composites Science and Technology" "Composites Part A" "Composites Communications" 编委。

李岩教授入选了国家杰出青年科学基金、科技部中青年科技创新领军人才、上海市优秀学术带头人、上海市浦江人才以及教育部新世纪优秀人才等人才计划项目。

主要论著：发表 SCI 收录论文 48 篇，EI 收录论文 27 篇，论文 SCI 他引 979 次；另参与编写以下专著：

Yan Li, Yiu-Wing Mai, Fracture-Mechanical Properties of Sisal Fiber Composites, "Engineering Biopolymers: Homopolymers, Blends and Composites" (press: Hansa Publisher, Germany). 2007.

Yan Li, Sreekala M. S. and Jacob M., Textile Composites Based on Natural Fibers, "Natural Fibre Reinforced Polymer Composites: From Macro to Nanoscale" (press: Old City Publishing Ltd.,) USA. September 1, 2009.

Yan Li, Yiou Shen, The Use of Sisal Fibers in the Composites, "Biofiber reinforcement in composite materials", (press: Woodhead Publishing, UK). 2014.

Tao Yu, Yan Li, Biodegradable poly (lactic acid) and its composites, "Handbook of Sustainable Polymers: Processing and Applications", Stanford Publishing, 2015.

　　研究开发资源环境友好型绿色材料已成为国际先进技术领域的共识，而生物质复合材料以其力学高性能和多功能等特点已在航空、轨道交通、汽车、建筑以及土木等领域内引起广泛关注。我国政府一贯支持环境、资源友好型以及经济社会可持续发展型国家的建设。在国家科技部的支持下，国家973计划项目"先进复合材料空天应用技术基础科学问题研究（2010CB631100）"中首次列入了生物质绿色材料的研究课题"生物质高性能复合材料的基础技术研究（2010CB631105）"，在5年（2009—2014年）的研究过程中，逐步形成了一批具有良好应用前景的技术基础研究成果，并广泛参与了与美国波音（Boeing）等公司的国际合作，得到国内外绿色材料技术领域的广泛关注和赞誉。

　　当前，美国、日本以及欧洲各国都在积极开展生物质复合材料在航空、轨道交通、车辆工具、汽车、土木工程等领域的相关研究工作，有些已经实现了有效的应用。我国生物质资源丰富，航空、轨道交通、新能源汽车等又是国家发展的重中之重，属战略新兴产业。因此，依托本书作者在国内外本领域的研究地位和所取得的重要研究成果，出版生物质复合材料的专著，对于提升我国战略新兴产业的国际竞争力、推动科技创新具有重大意义。

　　本书主要围绕生物质复合材料的高性能化和多功能化的最新研究进展进行介绍，对于读者充分了解这一领域的关键科学问题、基础应用研究成果以及相关示范应用等有很大的帮助，对于航空、汽车、轨道交通、建筑等领域的绿色化发展有一定的启发和助益。

　　本书的成书过程要感谢所有参编的人员，包括：于涛博士参与了第二章的编写，朱锦和刘小青博士参与了第三章的编写，方征平博士参与了第六章的编写，咸贵军博士参与了第七章的编写，刘燕峰博士参与了第八章的编写，以及参与本书编写的多位博士和硕士研究生。感谢于涛博士对本书统稿、整理和修改等工作所做出的诸多努力。

　　在大家的共同努力下，本书通过中国建材工业出版社，申请到了国家出版基金资助。在此要特别感谢中国工程院俞建勇院士、澳大利亚技术科学与工程院叶林院士为本书的高度评价和大力推荐。

编　者

2017年6月

1　绪论 ⋯⋯⋯⋯⋯⋯⋯⋯⋯⋯⋯⋯⋯⋯⋯⋯⋯⋯⋯⋯⋯⋯⋯⋯⋯⋯⋯⋯⋯⋯⋯ 1

2　热塑性生物基树脂及其在复合材料中的应用 ⋯⋯⋯⋯⋯⋯⋯⋯ 6

　2.1　引言 ⋯⋯⋯⋯⋯⋯⋯⋯⋯⋯⋯⋯⋯⋯⋯⋯⋯⋯⋯⋯⋯⋯⋯⋯⋯⋯⋯⋯ 6
　2.2　聚乳酸 ⋯⋯⋯⋯⋯⋯⋯⋯⋯⋯⋯⋯⋯⋯⋯⋯⋯⋯⋯⋯⋯⋯⋯⋯⋯⋯⋯ 6
　2.3　聚乳酸的改性 ⋯⋯⋯⋯⋯⋯⋯⋯⋯⋯⋯⋯⋯⋯⋯⋯⋯⋯⋯⋯⋯⋯⋯ 11
　2.4　聚乳酸的复合 ⋯⋯⋯⋯⋯⋯⋯⋯⋯⋯⋯⋯⋯⋯⋯⋯⋯⋯⋯⋯⋯⋯⋯ 13

3　生物基热固性树脂及其性能研究 ⋯⋯⋯⋯⋯⋯⋯⋯⋯⋯⋯⋯⋯⋯ 21

　3.1　引言 ⋯⋯⋯⋯⋯⋯⋯⋯⋯⋯⋯⋯⋯⋯⋯⋯⋯⋯⋯⋯⋯⋯⋯⋯⋯⋯⋯ 21
　3.2　基于松香酸的环氧树脂及固化剂 ⋯⋯⋯⋯⋯⋯⋯⋯⋯⋯⋯⋯ 21
　3.3　基于衣康酸的环氧树脂 ⋯⋯⋯⋯⋯⋯⋯⋯⋯⋯⋯⋯⋯⋯⋯⋯⋯ 27
　3.4　基于植物油的不饱和聚酯 ⋯⋯⋯⋯⋯⋯⋯⋯⋯⋯⋯⋯⋯⋯⋯⋯ 33
　3.5　小结 ⋯⋯⋯⋯⋯⋯⋯⋯⋯⋯⋯⋯⋯⋯⋯⋯⋯⋯⋯⋯⋯⋯⋯⋯⋯⋯⋯ 41

4　植物纤维及其增强复合材料 ⋯⋯⋯⋯⋯⋯⋯⋯⋯⋯⋯⋯⋯⋯⋯⋯⋯ 43

　4.1　引言 ⋯⋯⋯⋯⋯⋯⋯⋯⋯⋯⋯⋯⋯⋯⋯⋯⋯⋯⋯⋯⋯⋯⋯⋯⋯⋯⋯ 43
　4.2　植物纤维的化学组成与微观结构 ⋯⋯⋯⋯⋯⋯⋯⋯⋯⋯⋯⋯ 44
　4.3　植物纤维的力学性能和失效模式 ⋯⋯⋯⋯⋯⋯⋯⋯⋯⋯⋯⋯ 46
　4.4　植物纤维力学性能理论计算 ⋯⋯⋯⋯⋯⋯⋯⋯⋯⋯⋯⋯⋯⋯⋯ 48
　4.5　植物纤维增强复合材料的力学性能 ⋯⋯⋯⋯⋯⋯⋯⋯⋯⋯⋯ 49
　4.6　植物纤维表面处理 ⋯⋯⋯⋯⋯⋯⋯⋯⋯⋯⋯⋯⋯⋯⋯⋯⋯⋯⋯⋯ 51

5　植物纤维增强复合材料力学高性能化和多功能化 ⋯⋯⋯⋯ 67

　5.1　引言 ⋯⋯⋯⋯⋯⋯⋯⋯⋯⋯⋯⋯⋯⋯⋯⋯⋯⋯⋯⋯⋯⋯⋯⋯⋯⋯⋯ 67
　5.2　植物纤维增强复合材料力学性能优化 ⋯⋯⋯⋯⋯⋯⋯⋯⋯⋯ 67
　5.3　植物纤维增强复合材料的声学性能 ⋯⋯⋯⋯⋯⋯⋯⋯⋯⋯⋯ 73
　5.4　植物纤维增强复合材料的结构阻尼性能 ⋯⋯⋯⋯⋯⋯⋯⋯⋯ 78

6　生物质复合材料的阻燃性和热稳定性 ⋯⋯⋯⋯⋯⋯⋯⋯⋯⋯⋯⋯ 83

　6.1　引言 ⋯⋯⋯⋯⋯⋯⋯⋯⋯⋯⋯⋯⋯⋯⋯⋯⋯⋯⋯⋯⋯⋯⋯⋯⋯⋯⋯ 83

6.2 植物纤维及其复合材料的热氧化降解与燃烧 ············· 83

6.3 纤维改性提高生物质复合材料的阻燃性能 ············· 85

6.4 基体改性提高生物质复合材料的阻燃性能 ············· 93

7 生物质复合材料的老化 ············· 101

7.1 引言 ············· 101

7.2 湿度条件下植物纤维复合材料耐久性 ············· 101

7.3 湿热条件下植物纤维复合材料耐久性 ············· 107

7.4 交变温度条件下生物质复合材料老化性能 ············· 116

8 生物质复合材料的工业应用 ············· 120

8.1 由植物纤维到复合材料用连续增强纤维材料 ············· 120

8.2 蜂窝夹芯植物纤维复合材料的应用开发 ············· 124

8.3 植物纤维及其混杂复合材料壁板的应用开发 ············· 129

9 展望 ············· 134

1 绪 论

进入 21 世纪以来，绿色材料、绿色制造正在成为国内外材料业与制造业发展的一种共识，其中包括"绿色"复合材料技术及其产业转型与升级。出现这种变化的一个重要原因来自资源压力。工业革命以来，经济增长和社会繁荣主要建立在化石、矿产等地质资源开采利用的基础之上，但随着包括我国在内的后发达国家的经济崛起，现代经济发展对这种资源的需求和依赖更是与日俱增。然而，地球上的化石地质资源的储量有限，不可再生，因此面临枯竭的危险。另一方面，现代工业的繁荣同时带来巨量的碳排放，从而引发并将进一步造成潜在而巨大的环境灾难，近年频发的雾霾就是这种不负责任的工业排放制造的一颗难以下咽的苦果。再者，工业化巨量的资源和能源消耗之后，又给地球留下难以计数的不可回收再利用的固体废弃物，严重污染人类赖以生存的环境。因此，为减少排放与污染、保护环境，同时应对日益逼近的能源和资源危机，低碳并且全寿命周期环境友好的材料获取、利用、生产、使用和回归全循环，自然成为了绿色材料研究的推动力。

"绿色"复合材料当然不是强调颜色，而是一个泛指"资源环境友好、可再生"材料的泛在性概念，更多地用以描述一类源于生物质（bio-sourced, biomass）的植物增强纤维材料（plant fiber）、生物基（bio-based）的合成树脂材料，以及用这些材料等制备的复合材料。由于这种复合材料的生物质属性，它们可以进一步分类为可全降解材料和部分降解或难降解材料两类。植物纤维包括草纤维、非木质纤维和木质纤维等，其中，非木质纤维又可以进一步细分为韧皮纤维、树叶纤维、树籽纤维和果纤维等，而韧皮纤维中的麻纤维，如苎麻、亚麻、汉麻（大麻）、黄麻、洋麻和剑麻纤维等已被复合材料工业界接受多年，这些纤维通常都可以继续加工成为连续纱线，用作复合材料的单向增强纤维、增强织物或非织造材料等。

为了量化地了解植物纤维与几种结构复合材料用传统增强纤维的基本情况，表 1-1 依据国外文献[1]，列举并比较了植物纤维和其他工业纤维的性能、成本和能耗；表 1-2 为生产不同纤维制品所消耗的非再生能源比；表 1-3 为几种纤维和塑料的生产对环境的影响。由这些数据可见，在纤维生产过程中，植物纤维与玻璃纤维相比，其环境影响很小；植物纤维复合材料制品质量较轻，是一种轻量化的材料，其应用将使得运输车辆的能耗下降，排放污染量减少；植物纤维材料制品的可循环再生性良好。

表 1-1 植物纤维与合成纤维的成本及能耗对比

纤维种类	密度 （g/cm³）	比拉伸强度 （GPa·cm³/g）	比拉伸模量 （GPa·cm³/g）	价格比	能耗 （GJ/t）
植物纤维	0.6~1.2	1.60~2.95	10~130	0.4	4
玻璃纤维	2.6	1.35	30	1.0	30
芳纶纤维	1.4	2.71	90	5.0	25
碳纤维	1.8	1.71	130	8.3	130

表 1-2　生产不同纤维制品所消耗的非再生能源比

玻璃纤维毡		亚麻纤维毡		中国芦苇毡	
原材料	1.7	采种	0.05	耕种	2.50
混合	1.0	肥料	1.0	运输植物	0.40
运输	1.6	运输	0.9	纤维分离	0.08
热熔	21.5	耕种	2.0	纤维磨细	0.40
纺丝	5.9	纤维分离	2.7	运输纤维	0.26
毡生产	23.0	毡生产	2.9	—	—
汇总	54.7	汇总	9.55	汇总	3.64

表 1-3　几种纤维和塑料的生产对环境的影响

项目	玻璃纤维	中国芦苇纤维	环氧树脂	ABS 塑料	PP 塑料
能量消耗（MJ/kg）	48.33	3.64	140.71	95.02	77.19
CO_2 排放（kg/kg）	2.04	0.66	5.90	3.10	1.85
CO 排放（g/kg）	0.80	0.44	2.20	3.80	0.72
SO_x 排放（g/kg）	8.79	1.23	19.00	10.00	12.94
NO_x 排放（g/kg）	2.93	1.07	35.00	11.00	9.57
颗粒排放（g/kg）	1.04	0.24	15.00	2.90	1.48
水溶 BOD（mg/kg）	1.75	0.36	1200	33	33.94
水溶 COD（mg/kg）	18.81	2.27	51000	2200	178.92
水溶氮化物（mg/kg）	14.00	24481	1.0	71	18.78
水溶磷酸盐（mg/kg）	43.06	233.6	220	120	3.39

　　由于植物纤维的这些特点，近年来，一个植物纤维增强的所谓"绿色"复合材料技术油然而生，图 1-1 为 1995—2007 年间有关绿色复合材料的专利和文章情况。

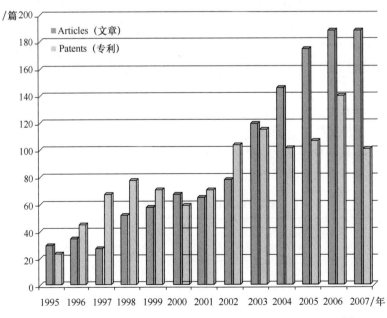

图 1-1　1995—2007 年间有关绿色复合材料的专利和文章[2]

早在 20 世纪中期，植物纤维增强复合材料就开始应用于汽车内饰，其动机主要出于植物纤维的轻质、廉价及其资源与环境的友好性，这一阶段，植物纤维增强复合材料主要的产品形式是植物纤维无纺织物（nonwoven），并且开发出一些非承力、次承力结构用的植物纤维复合材料内饰制品。据介绍，福特的福克斯轿车使用大麻纤维增强 PP 材料来制造发动机罩，其质量比使用玻璃纤维减轻了 30%；奔驰 S 级轿车使用了 32 种天然纤维部件，总重达24.6kg。仅 2005 年一年，德国汽车工业就使用了大约 18 万吨植物纤维增强复合材料，相当于每辆汽车消耗了 16kg 的植物纤维复合材料[3]。

在航空领域，碳纤维增强复合材料是研究和发展的主流，主要应用于飞机的主承力结构和次承力结构，而玻璃纤维增强复合材料则主要应用于飞机的次承力结构及功能性的内饰结构等。然而，国际社会可持续发展呼声与越来越严格的法律法规性质的减排限制等，已迫使飞机制造商开始考虑资源、环境友好型复合材料品种新选项，并开始尝试将其应用于一些特定的飞机结构。例如，欧洲航空研究顾问委员会（ACARE）就提出了一系列严格的航空减排议案，要求到 2050 年，欧盟应在航空的环境影响方面达到二氧化碳排放同比 2000 年减少75%、氮氧化物的排放减少 90% 以上、噪声减少 65% 的环境目标。同时，飞机的设计和制造，包括其使用的材料等，将都是可循环利用的。为此，欧盟出台了一系列大型的研究开发计划，如 CLEAN SKY，Flight path 2050 等。美国等其他先进国家也提出了类似的资源利用和环境保护的目标，从而拉开了航空技术，包括航空材料技术绿色化、可持续发展的大幕。

以此为背景，2010 年以来，中国政府与欧盟政府联合启动了双边合作软课题性质的战略研究项目 GRAIN（GReener Aeronautics International Networking），其目的是针对欧盟雄心勃勃的航空减排目标，研究、发现并提出绿色航空技术的系列化解决方案，包括飞机复合材料绿色化的解决方案。饶有趣味的是，这一步多少有些"回归"的性质，因为最初的飞机蒙皮其实就是用植物纤维织物涂上专用的涂料制造的（图1-2），飞机材料的绿色化相当于一种回归自然。可以预计，在碳纤维增强飞机复合材料技术进一步发展的同时，生物质材料，如植

图 1-2　早期美国飞机工业采用
油布制作蒙皮（网络图片）

物纤维增强材料与生物基的树脂材料将被逐步引入到飞机应用中，这将不仅减少飞机材料对化石、矿石资源的依赖，还可望研制开发出新型的轻质复合材料制件，可以作为玻璃纤维增强复合材料飞机应用的一个生态经济型新选项。

GRAIN 软课题项目等的研究发现，现阶段绿色复合材料飞机应用技术面临的主要障碍是这些材料有限的力学性能，较弱的热物理特性和界面特性，较弱的湿热老化以及燃烧特性等。显然，这些特性均是生物质材料与生俱来的，又是其不同于玻璃纤维的本质性质，因此，准确地识别并巧妙地应用这些特性，将可能开辟绿色复合材料航空乃至其他工业应用的一片新天地。一个在资源生态友好与材料性能优越两者之间折中的解决方案，也许应是开发

连续植物纤维及其织物增强的复合材料技术，而非无纺织物复合材料技术，特别是这种连续植物纤维与其他连续纤维，如玻璃纤维、碳纤维的各种可能的混杂技术，包括生物基树脂与各种化石资源合成树脂的混用技术，或者说树脂"混杂"技术。

说到连续纤维，在中华文明历史发展的长河中，麻纤维作为衣饰材料和农业以及工业初期的材料，曾经扮演过非常重要的角色，典型的例子是苎麻（图1-3）。苎麻（Ramie）原产中国，是我国自古以来重要的纤维作物之一，考古出土年代最早的苎麻应用是浙江省钱山漾新石器时代遗址出土的苎麻布和细麻绳，距今已有四千七百余年。作为我国独有的传统特色作物，目前我国苎麻种植面积约400万亩，分布在湖南、湖北、四川、安徽、江西、广西、浙江、贵州、河南、陕西、江苏、云南、福建、广东和台湾等省（自治区），我国苎麻产量约占全世界苎麻产量的90%以上。

图1-3 苎麻植物、成衣业用苎麻彩色纤维和苎麻纤维偏光显微照片（网络图片）

苎麻纤维织物"轻如蝉翼，薄如宣纸，平如水镜，细如罗绢"，曾被历代列为贡布，成为皇室和达官贵族喜爱的珍品。苎麻纤维构造中多孔隙，透气性好，传热快，吸水多而散湿快，所以是一种理想的夏季高档服装材料，民间俗称为"夏布"。20世纪30年代，苎麻纤维织物作为服装面料曾获巴黎国际博览会金奖，因此苎麻是我国的国宝之一，在国际上被誉为"中国草""黄金草"。

在各种麻类纤维中，苎麻纤维最长、最细，纤维长度和强度都比最高级的棉花还要高约7~8倍，而密度比棉纤维低约20%，高档苎麻面料每平方米只有28g，因此，苎麻纤维天生就是优良的复合材料增强纤维材料，而且，苎麻纤维的多孔结构还赋予其独特的吸声、减振、降噪及隔热、保温等功能，可适用于结构—功能一体化材料的开发利用。显然，研究开发连续苎麻纤维增强的绿色复合材料应用技术具有鲜明的中国特色。

在国家 973 计划的支持下，973 项目"先进复合材料空天应用技术基础科学问题研究"（2010CB631100）之课题五"生物质高性能复合材料技术基础研究"（2010CB631105）中绿色复合材料技术的基础研究主要围绕苎麻纤维展开。这个课题的绿色材料研究范围主要包括热固性生物质环氧树脂与植物纤维织物的组合，其中，生物质树脂也可以与化石资源树脂混合，植物纤维也可以与碳纤维或玻璃纤维混杂，以调节和优化复合材料的结构与性能。本书的范围也主要讨论这样的材料体系。

参考文献

[1] S. V. Joshia, L. T. Drzalb, A. K. Mohantyb and S. Arora. Are natural fiber composites environmentally superior to glass fiber reinforced composites? [J]. Composites: Part A 35 (2004) 371-376.

[2] 刘燕峰. 植物纤维增强复合材料性能的研究[R]. 北京航空材料研究院博士后出站报告，2011，北京.

[3] 经济日报. http://www. frponline. com. cn, 2010-01-26.

第2章 热塑性生物基树脂及其 在复合材料中的应用

2.1 引 言

在科技发达的今天，人们不仅关注材料的使用性能，同时开始注意材料的生物降解性和可再生性，来解决环境问题和可持续发展问题。2003年11月在日本召开的第一届生物基聚合物国际会议上提出了可持续发展的生物基聚合物全新概念，将生物基聚合物定义为：生物基聚合物是以可再生资源（如淀粉、秸秆等）、二氧化碳等为原料生产的聚合物。

以生物质为原料的可降解生物基高分子及其制品是近年来各国研究、开发、生产的热点。生物质广义概念包括所有的植物、微生物以及以植物、微生物为食物的动物及其生产的废弃物。有代表性的生物质如农作物、农作物废弃物、木材、木材废弃物和动物粪便。生物质狭义概念主要是指农林业生产过程中除粮食、果实以外的秸秆、树木等木质纤维素、农产品加工业下脚料、农林废弃物及畜牧业生产过程中的禽畜粪便和废弃物等物质。生物质资源在中国主要包括农业废弃物和能源生物资源（能源/化工专用动植物和藻类）。生物基热塑性树脂具有韧性好、能反复成型、疲劳强度高等优点。

目前，市场上主要有以下几种可完全降解的高分子：聚3-羟基烷酸酯（PHA）、聚乳酸（PLA）、聚 ε-己内酯（PCL）、聚丁二酸丁二醇酯（PBS）及各种完全生物降解性的改性和共聚产物，以及淀粉基的聚合物。其中，以聚乳酸产量最大，性能最优。聚3-羟基烷酸酯、聚 ε-己内酯由于生产成本高（是普通塑料的4～5倍）等原因，并没有大规模生产，其在国内外市场目前都处于初级阶段。

2.2 聚 乳 酸

聚乳酸（PLA）是一种以生物质资源为原料的新型可降解高分子，摆脱了对石油资源的依赖，其生产制造过程造成的环境负荷小，可堆肥，具有良好的生物降解性，降解可以生成水和二氧化碳，这些产物可以重新回到自然界被植物吸收，通过光合作用生成淀粉等有机物，重新用于生产。这一循环过程保持了地球碳循环的平衡，满足了可持续发展的要求。PLA作为生物医药材料的应用早在40年前就开始了，但作为工业高分子材料的应用却是在20世纪90年代中期美国的Cargill公司向市场大规模提供了性能稳定且廉价的PLA树脂之后才全面展开。进入21世纪，PLA的技术和产品已经逐步实现商业化，NatureWorks公司、Mitsui公司等企业已经形成了各具特色的PLA生产线。我国也有许多研究单位、企业从事PLA的研究与生产。总之，PLA产业的发展虽然处在初级阶段，但是其原料丰富，是可持续发展资源，应用广泛，具有很好的市场潜力。PLA必然会成为新型塑料大品种，形成以PLA为龙头的生物基材料产业链，无疑对低碳经济的发展具有重要意义。

2.2.1 聚乳酸的发展历史

早在 20 世纪 30 年代末，美国、日本的科学家就开始进行聚乳酸的合成研究，但由于原料成本高，一直未得到推广。1966 年，Kulkarni 等人[1]通过研究发现 PLA 可以在生物体内自行降解，最终代谢产物为水和二氧化碳，而且中间产物乳酸也是细胞正常代谢的产物，不会形成体内积累。此后，PLA 及其共聚物在生物医学方面得到了广泛的应用。1971 年，美国研制了聚乙醇酸-乳酸共聚物缝合线，并取得了良好的市场效益[2,3]。20 世纪 70 年代末，PLA 材料被引入药物控制释放体系[4]。进入 20 世纪 80 年代，受石油短缺和环保压力的驱使，对生物可降解材料的研究和发展再次活跃。Pennings 等研究了 PLLA 的结晶[5,6]及其纺丝和拉伸丝的物理性能[7]。Ikada 等[8]研究了 PLA 及其共聚物在医学和制药学上的应用。Okihara 等[9]首先提出了 PLA 的立体络合物的晶体结构，即 PLLA 和 PDLA 侧面连接的形式。

以上关于 PLA 的研究都是以开发医用材料为目的进行的，直到 1986 年，PLA 才被认为可以作为一种潜在的日用塑料。日本钟纺合纤公司和美国卡吉尔·道（Cargill Daw）聚合物公司在玉米的深加工技术中努力研制聚乳酸。之前，日本钟纺合纤公司在生物可降解塑料筛选中发现了聚乳酸的生物可降解性。在此期间 Cargill Daw 公司开发了能从玉米中产生聚乳酸纤维的工艺。最后由日本钟纺合纤公司联合岛津制作所于 1994 年共同开发出了商品名为 Lactron 的 PLA 纤维，又称作玉米纤维。1997 年，Dow 聚合物公司看好聚乳酸纤维的后期发展，与 Cargill Daw 公司以各占 50％的股份建造了年产量达 14 万吨的生产线，并于 2002 年投产，商品名为 "Nature Works"。2005 年，Nature Works 公司从 Dow 和 Cargill Daw 公司中独立出来，更名为英吉尔（Ingeo），成为聚乳酸生产厂家。此外，德国 Uhde Inventa-Fischer 公司、意大利 Snamp rogetti 公司、荷兰 Hycail 公司、德国巴斯夫公司等也开发了聚乳酸生产技术。

聚乳酸有良好的可生物降解性，能被酸、碱、生物酶、微生物等降解，这些特性使得它在生活用品领域有广泛的应用。可口可乐公司在盐湖城冬奥会上用了 50 万只一次性杯子，全部是用聚乳酸塑料制成的，这些杯子只需 40 天就可在露天环境下消失得无影无踪。2004 年，美国 College Farm 牌糖果开始采用以生物降解聚乳酸树脂生产的包装薄膜，这种薄膜外观和性能与传统糖果包装膜（玻璃纸或双向拉伸聚丙烯膜）相同，具有结晶透明性、极好的扭结保持性、可印刷性和强度，并且阻隔性较高，能更好地保留糖果的香味。美国特拉华州 Monte 新鲜产品公司于 2004 年底开始在其 Wild Oats 市场采用聚乳酸包装材料。俄亥俄州的 Avery Dennison 公司也采用聚乳酸薄膜作为自粘性标签底膜。从 2004 年 12 月开始，美国 Biota 矿泉水公司采用聚乳酸材料制作饮料瓶。2005 年比利时零售商 Delhaize 开始使用聚乳酸新鲜生菜包装箱，并进一步用于粮食、水果和蔬菜包装。2005 年 11 月，全球零售业巨头沃尔玛将所有产品包装改换成聚乳酸（PLA）塑料制品。此外，一些像麦当劳这样的跨国公司也已开始使用聚乳酸制成的一次性餐具和其他用品。目前在国内，受产品成本影响，聚乳酸制品还没有被大规模地使用。

2.2.2 聚乳酸的合成及基本结构

PLA 也称为聚丙交酯，其结构就是脱水乳酸单元的重复，在乳酸分子中含有一个羟基

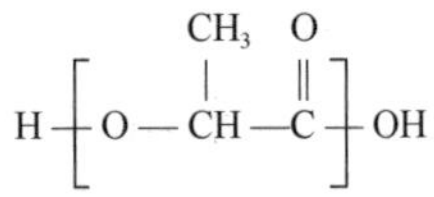

$$H{-}\left[O{-}CH{-}\overset{\overset{\displaystyle CH_3}{|}}{C}{-}\overset{\overset{\displaystyle O}{\|}}{\ }\right]{-}OH$$

图 2-1 聚乳酸通式

和一个羧基两个官能团，具有相当的反应活性，在适当的条件下可以脱水缩合成聚乳酸。其通式如图 2-1 所示。

由于原料乳酸是光化学性物质，存在着 D 型和 L 型这两种光学异构体，因此 PLA 也存在聚 D-乳酸（PDLA）、聚 L-乳酸（PLLA）、聚 DL-乳酸（PDLLA）等几种旋光异构体。其中 PDLA 和 PLLA 的聚合物链排列规范整齐，具有较高的结晶度和机械强度，是有规立构聚合物，同时还具有光化学活性，通常用在机械强度及韧性需求高的地方，例如缝合线和矫形器件。PDLLA 不具有光学活性，是无定形高分子，呈现非晶态，常被作为药物载体。目前主要使用的聚乳酸产品是 PLLA 和 PDLLA。不同类型 PLA 旋光异构体的基本性能见表 2-1。

表 2-1 不同类型 PLA 旋光异构体的基本性能

项目 \ PLA 类型	PDLA	PLLA	PDLLA
固体结构	结晶性	结晶性	无定型
熔点（℃）	180	170～175	—
玻璃化温度（℃）	—	55～56	50～60
热分解温度（℃）	200	200	185～200
拉伸率（%）	20～30	20～30	—
断裂强度（g/d）	4.0～5.0	5.0～6.0	—
溶解性	可溶于氯仿、二氯甲烷等，PDLA 溶解性更好，都不溶于乙醇甲烷等		

聚乳酸的合成可以分为直接合成法和间接合成法。

（1）直接合成法

直接合成法，也被称作一步聚合法，是利用乳酸直接脱水缩合反应合成聚乳酸。直接合成法的优点是操作简单，成本低。其缺点是乳酸纯度要求高、反应时间长、反应温度控制要求严格，产物摩尔质量低，高温熔融缩聚，产物容易降解、变色，因此工业化生产困难[10]。近年来通过改进，直接合成法取得了一定的进展，但离真正大批量工业化生产仍有一定差距。直接合成法早在 20 世纪 30、40 年代就已开始研究，但由于涉及反应中产生的水的脱除等关键技术尚未完全解决，故产物的摩尔质量较低（均低于 4000g/mol），强度极低，易分解，无实用性。日本昭和高分子公司采用将乳酸在惰性气体中慢慢加热升温并缓慢减压的方式，使乳酸直接脱水缩合，并使反应物在 220～260℃、133 Pa 下进一步缩聚，得到相对分子质量 4000 以上的聚乳酸[11]。中国上海同杰良公司也建成了生产聚乳酸实验室规模生产线。

以下是直接合成 PLA 的几种方法：

1）熔融聚合

熔融聚合是发生在聚合物熔点温度以上的聚合反应，是没有任何介质的本体聚合。其优点是得到的产物纯净，不需要分离介质，但是产物相对分子质量不高，因为随着反应的进行，体系的黏度越来越大，小分子难以排出，平衡难以向聚合方向移动。在熔融聚合过程中，催化剂、反应时间、反应温度等对产物相对分子质量的影响很大。

2）溶液聚合

乳酸直接聚合的关键是水分子的排出，因此只有使水分子的数量足够小，才能获得较高相对分子质量的产物。在缩聚反应中使用一种不参与聚合反应、能够溶解聚合物的有机溶剂，在一定温度和真空度下，与单体乳酸、水进行共沸回流，回流液经过除水后返回到反应容器中，逐渐将反应体系中所含的微量水分带出，推动反应向聚合方向进行，从而获得高相对分子质量的产物，这就是溶液聚合方法[12,13]。该工艺中，大多数的冷凝水在温和条件下从反应混合物中除去。由于存在高沸点的溶剂，如二苯醚或苯甲醚，在较低的温度和高的真空度下水通过共沸除去，溶剂用分子筛干燥后重新回到反应混合物中。聚合反应后，通过溶解或沉淀的方法将 PLA 从溶剂中分离出来，平均分子量高达 300000。

3）扩链反应

由于乳酸直接聚合难以获得较高相对分子质量的产物，人们寻求一种新的获取高相对分子质量聚乳酸的方法，这就是使用扩链剂处理直接缩聚得到的聚乳酸的低聚物，得到高相对分子质量的聚乳酸，可以用来作为扩链剂的物质，多数是具有双官能团的高活性的小分子化合物。扩链剂能够生成具有不同官能基的聚合物，改善力学性能和柔韧性。

4）固相聚合

固相聚合是固态的低聚物在低于聚合物熔点而高于其玻璃化转变温度下进行的聚合反应，这种方法能够有效地提高聚酯类聚合物的相对分子质量。研究发现，加入催化剂如氧化锌、强酸性阳离子交换树脂等，可加快缩合速度，提高聚合物的相对分子质量。Moon 等[14]采用熔融-固相聚合的方法，首先得到聚乳酸低聚物，然后以 $SnCl_2$ 和对甲苯磺酸为催化剂，在结晶温度下进行固相聚合，得到了相对分子质量超过 50 万的聚乳酸。

（2）间接合成法

间接合成法即丙交酯开环聚合法，也被称作二步聚合法，该方法是目前工业上生产 PLA 的基本方法。是利用乳酸或乳酸酯为原料，经脱水低聚得到低摩尔质量的聚乳酸，然后高温裂解得到单体丙交酯，丙交酯开环聚合得到聚乳酸。丙交酯开环聚合工艺流程是从乳酸的多级浓缩开始，并同时发生预缩聚，所产生的预聚物因受热发生解聚而生成丙交酯，丙交酯开环生成 PLA。间接聚合法因为是环状二聚体的开环聚合，不同于一般的缩聚，没有小分子水生成，所以不需要进行抽真空排除小分子，聚合设备简单。

早在 20 世纪 50 年代，杜邦公司的科研人员就用开环聚合法获得了高摩尔质量的聚乳酸。近年来，国外对聚乳酸合成的研究主要集中在丙交酯的开环聚合上。为了便于工业化生产，开环聚合的高效催化体系、新型结构和组成的共聚物的合成方面得到了深入的研究。但 PLA 特性取决于丙交酯的纯度，而且残余的单体会引起 PLA 水解。美国 Cargill（原 Cargill-Dow）公司用此法生产的聚乳酸（商品名 Nature Works），有挤出、注射、膜、板、纺丝等多种规格的产品。经熔喷与纺粘后加工，开发了医用无纺布产品。德国 Boeheringer Zngelhelm 公司用此法生产的聚乳酸系列产品以商品名 Resomer 出现在市场上。开环聚合多采用辛酸亚锡作为催化剂，摩尔质量可达上百万，机械强度高。

2.2.3 聚乳酸的性质

2.2.3.1 PLA 的物理性质[15,16,17]

（1）密度

不同类型 PLA 的密度有所不同，无定形 PLLA 的密度是 $1.248g/cm^3$，结晶 PLLA 的密度为 $1.290g/cm^3$。

（2）溶解性

PLA 可以溶于氯仿、乙腈、二氯甲烷、1,1,2-三氯乙烷和二氯乙酸。乙苯、甲苯、丙酮和四氢呋喃只能部分溶解冷的 PLA，但是当这些溶液被加热到沸腾温度后就能很好地溶解 PLA。结晶 PLA 不溶于丙酮、乙酸乙酯和四氢呋喃。所有的 PLA 都不溶于水。甲醇、乙醇等 PLA 不溶的醇类可以作为 PLA 的沉淀剂。

（3）流变性能[18,19]

PLA 可采用挤出、注射、纺丝、双轴拉伸、吹膜、压片等方式进行加工。PLA 的流变学特性尤其是剪切黏度，在热成型加工过程中是很重要的影响因素。流变性能主要从蠕变和应力松弛两个方面进行考虑。PLLA 具有良好的挤出成型性能，PLLA 纤维的断裂强度会随着拉伸倍率的提高而增加，而断裂伸长会下降，这一趋势高分子的 PLLA 比低分子量的 PLLA 更为明显。

2.2.3.2　力学性能

PLA 分子链中不同单体组成和序列分布将导致不同的性能。具有全规立体结构的左旋聚乳酸（L-PLA）和右旋聚乳酸（D-PLA）均为热塑性结晶高分子聚合物，T_g 约为 60℃，T_m 约为180 ℃，结晶度可达 60%。表 2-2 给出了非晶型 L-PLA、退火处理 L-PLA 和非晶型外消旋聚乳酸（D,L-PLA）的力学性能[20,21,22]。由表 2-2 可知，立构规整性好的材料强度较高，而退火处理能使材料的拉伸强度和冲击强度明显提高。

表 2-2　PLA 的力学性能

性能	L-PLA	退火 L-PLA	D, L-PLA
拉伸强度（MPa）	59	66	44
断裂伸长率（%）	7.0	4.0	5.4
弹性应力（MPa）	3750	150	3900
屈服强度（MPa）	70	70	53
弯曲强度（MPa）	106	119	88
缺口冲击强度（J/m）	26	66	18
无缺口冲击强度（J/m）	195	350	150

PLA 的抗冲击性和耐热性差，在室温下是一种较脆的热塑材料。加入结晶成核剂、无机填料和其他生物降解高分子共混可以提高 PLA 的抗冲击性能和耐热性，保持了较高的透明度，同时可以达到聚对苯二甲酸乙二酯（PET）等相同的强度和硬度水平。

2.2.3.3　光学性能

太阳光中的紫外线（UV）是导致聚合物光氧降解的根本，聚合物受光的照射，是否引起分子链的断裂，取决于光能和键能的相对强弱。共价键的离解能约 160～600kJ/mol，大于这一数值，才能使键断裂。光的能量与波长有关，波长越短，则能量越高。日光中短波的远紫外线 UV-C（120～280nm）大部分被大气层中的臭氧所吸收，照射到地球表面上的是波长为 300～400nm 的近紫外部分，具有较高的能量，可以切断聚合物的化学键[23]。

PLA 在 UV-C（190～220nm）范围内几乎不透过紫外线，但是在 225nm 以后 PLA 的紫外线透过率急速增长，250nm 时紫外线透过率已到 85%，300nm 时紫外线透过率达95%[24]。因此，如果要将透明 PLA 膜用于食品包装时必须要添加紫外稳定剂，从而有效地吸收紫外线，防止紫外光对食品的破坏，保证其新鲜性，延长保质期。

2.3　聚乳酸的改性

作为一种可降解材料，聚乳酸在有诸多优良性质的同时，也存在一些不足之处，如（1）聚乳酸成本限制，最终聚乳酸产品一般比 PE/PP 产品高 50%，使其仍被限制于高端、低容量的市场；（2）聚乳酸本身性能的局限，聚乳酸本身存在韧性较差、耐热温度较低等不足，使得其很难应用于使用条件较为苛刻的汽车、航空航天等工程塑料领域。为克服上述缺点，改善 PLA 材料的力学性能和加工性能，以及降低 PLA 的成本，近年来人们对聚乳酸的改性作了大量的研究工作。PLA 的改性方法有化学改性和物理改性，化学改性包括共聚、交联、表面修饰等，主要是通过改变聚合物大分子或表面结构改善聚乳酸的性能；物理改性主要是通过共混、增塑及纤维复合等方法实现对聚合物的改性。

2.3.1　共聚改性

聚乳酸共聚改性是通过调节乳酸或丙交酯和其他单体的比例来改变聚合物的性能或引入其他单体向 PLA 提供具有特殊功能的基团，以此来改善 PLA 的亲水性、结晶性等性能，聚合物的降解速率可根据共聚物的相对分子质量、共聚单体种类及配比等加以控制。共聚的主要方法有嵌段共聚和接枝共聚。

聚己内酯（PCL）是一种脂肪族聚酯，其具有较低的玻璃化转变温度（Glass transition temperature）（$T_g = -60℃$）和熔融温度（Melting point）（$T_m = 62℃$）。因其较低的 T_g，使其在常温下显示较好的柔韧性。许多研究者将 PCL 引入 PLA 主链以改善 PLA 脆性和降解性能[25-28]。

Yu 等[29]采用羟基封端的聚己内酯与乳酸缩聚，然后再用六亚甲基二异氰酸酯（hexamethylene diisocyanate，HDI）进行扩链合成了聚乳酸聚己内酯多元共聚物（PLA-*b*-PCL）（图 2-2）。共聚产物具有优异的力学性能，拉伸强度为 10MPa，但其断裂伸长率却可接近 300%。

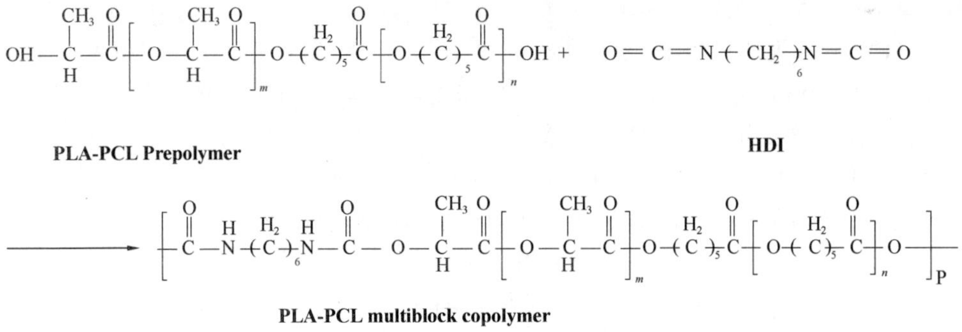

PLA-PCL Prepolymer　　　　　　　　　　　　　　　**HDI**

PLA-PCL multiblock copolymer

图 2-2　PLA-*b*-PCL 共聚物的合成

Yu 等[30]还采用羟基封端的聚碳酸酯与乳酸缩聚，然后再用六亚甲基二异氰酸酯（HDI）进行扩链合成了聚乳酸聚碳酸酯共聚物（PLA-*b*-PCL），反应方程式如图 2-3 所示。该共聚物拉伸强度为 6MPa，但其断裂伸长率却可超过 230%。

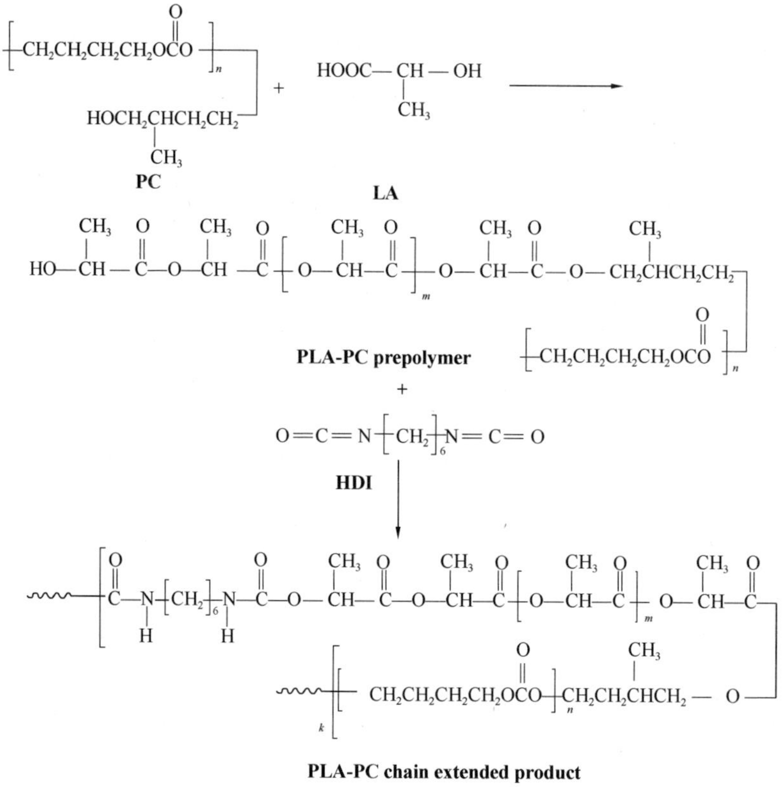

图 2-3　PLA-*b*-PC 共聚物的合成

2.3.2　共混改性

相对于共聚改性，共混改性具有相对简单、快速等优点。PLA 共混改性的主要目标是提高 PLA 的耐热性、柔韧性、降解性以及降低成本。常见的共混物包括聚羟基丁酸酯（PHB），聚 ε-己内酯（PCL）、聚氧化乙烯（PEO）、聚 N-乙烯基吡咯烷酮（PVP）、聚丁二酸丁二酯（PBS）和聚己二酸丁二酯（PBA）等，还有天然大分子，例如淀粉等。

Ohkoshi 等[31]研究 PLA（$M_w = 680000$）和无规立构的 PHB（ataPHB）的共混体系，从玻璃化转变温度的变化分析，PLA 与高分子量的 ataPHB（$M_w = 140000$）共混，共混物有两个介于纯 PLA 和纯 PHB 的玻璃化转变温度（59 ℃和 0 ℃）之间的玻璃化转变温度，说明两组分是不相容的；而 PLLA 同低分子量的 ataPHB（$M_w = 9400$）共混，直至 ataPHB 的含量达到 50%，共混物仍只有一个玻璃化转变温度，从而可以认为该体系是相容的。

将 PLA 和 PCL 共混，共混物存在两个明显的玻璃化转变温度，PLA/PCL 共混体系是不相容的。Wang 等[32]在 PLLA/PCL 体系中，以亚磷酸三苯酯（TPP）为催化剂，在熔融状态下进行混合。结果表明，在共混过程中发生酯交换反应，生成界面相容剂，促进组分均匀分布，提高体系的机械性能。

Martin 等[33]选用三种不同分子量的 PEO 与 PLLA 进行共混，PEO 加入量分别为 10%和 20%。发现小分子量的 PEO 是 PLLA 的良好增塑剂。加入 PEO 后共混物的玻璃化温度显著下降，加入增塑剂后使 PLLA 更加容易结晶，并且随着增塑剂含量的增加，结晶度增加。

Zhang 等[34]采用溶液直接成膜的方法制备了 PLLA/PVP 和 PDLLA/PVP 两种共混体系。根据 DSC 实验测得的玻璃化转变温度可知，两种共混体系都是不相容的。

Mitsuhiro Shibata[35]等研究了 PLLA 与 PBS 或 PBSL 的共混物的力学性能，形态和结晶行为。共混物的动态黏弹性和 SEM 显示 PLLA 与 PBS 或 PBSL 的共混物的相容性是几乎一样的，而且 PBSL 或 PBS 在共混物中的组分低的话（质量分数为 5%～20%），PBSL 或 PBS 会形成 0.1～0.4μm 的粒子均匀分散在共混物中。除去 PLLA/PBS 为 99/1 混合时例外地大于纯聚乳酸，混合物的拉伸强度和模量是遵循混合物的成分变化的。所有组分的混合物的断裂伸长率均大于纯 PLLA、PBSL 和 PBS。DSC 显示 PLLA 的等温和非等温结晶情况随着少量的 PBSL 的加入而提高，但 PBS 的加入对混合物影响不大。

2.4　聚乳酸的复合

PLA 的增强材料常见的可分为无机纳米材料和天然纤维两大类。

2.4.1　聚乳酸/无机纳米复合材料

无机纳米材料作为添加组分以增强聚合物性能的方法被广泛应用，有助于提高高分子材料的机械性能以及阻隔性、耐火性、热稳定性等。

Ogata 等[36]用溶剂浇注的方法首次制备了 PLA/层状硅酸盐复合材料，研究了纳米复合材料的结构和性能，但是仅仅观察到了类晶团聚体（tactoids），包括几个硅酸盐层。该纳米复合材料在 T_g 以下就发生了冷结晶，得出黏土也是以触液取向胶的形式存在的，也发生了细纤维化。黏土的加入使混合物的杨氏模量有微量提高。

Jin-Hae Chang 等[37]用十六烷基铵盐分别改性蒙脱石和氟云母，采用溶液插层的方法制备纳米复合材料，他们发现当有机硅酸盐质量分数为 4% 时，拉伸强度最大，低于 6% 时复合材料光学透明性不受影响。

Schmidt 等[38]制备了一系列基于不同层状无机物的 PLA 纳米复合材料，动态力学分析显示，无论在低温还是高温时复合材料比纯 PLA 表现出更高的模量，T_g 以上时增强更显著。

Pralay Maiti 等[39]对不同的层状硅酸盐（绿土、蒙脱石、云母）进行了有机改性，结果表明，改性后云母层间距最大而绿土最小，而熔融挤出后绿土纳米复合材料模量提高最大，气阻性也最好。

2.4.2　植物纤维/聚乳酸复合材料

采用天然纤维作为增强材料，聚乳酸作为基体制备天然纤维增强聚乳酸复合材料，不仅可以充分发挥天然纤维和聚乳酸的优势，还可以使复合材料具有优异的降解性。目前针对天然纤维增强聚乳酸复合材料的相关研究已经越来越多，并且已经取得了一定的进展。

David 等[40]在研究中，先将 PLA 制膜，然后与黄麻纤维毡进行热压复合，测试了复合材料的拉伸强度，并且用 SEM 观察了拉伸样条的断裂面，采用体积排除色谱法（size exclusion chromatography）研究此过程中 PLA 材料的降解。结果表明，在 180～220℃ 范内，复合材料的拉伸强度比纯 PLA 高得多，断裂特征属于脆性断裂，几乎无纤维拔出。在 SEM 下还发现在某些情况下黄麻纤维束和 PLA 基体之间出现孔穴，制备过程中 PLA 相对分子质量分布变化很小。

Khondker 等[41]用黄麻纱线作为增强组分制备了黄麻聚乳酸复合材料。他们研究模压温度和压力对复合材料力学性能及界面结合程度的影响。拉伸性能和 3 点弯曲结果表明，单一取向黄麻增强聚乳酸复合材料的模压工艺条件为 175℃和 2.7MPa 时可获得较好的性能。

Oksman 等[42]用双螺杆挤出机制备了纤维含量为 30％～40％的亚麻纤维（flax fiber，FF）/PLA 复合材料，并将挤出产物模压制成测试样条，研究了其加工及力学性能，并与 FF/PP 复合材料的性能进行了比较。研究结果表明，FF/PLA 复合材料具有良好的力学性能，材料的强度比现用于汽车面板的 FF/PP 复合材料高出 50％，增塑剂的添加对于提高 FF/PLA 复合材料的冲击强度没有帮助。界面结合度研究表明，复合材料的界面结合需进一步提高，以提高复合材料的力学性能。FF/PLA 复合材料在挤出和模压加工过程中具有与 PP 复合材料相似的易操作性。

Shin 等[43]制备了具有优异性能的洋麻纤维（kenaf fiber，KF）/PLA 复合材料。测试结果表明，在 PLA 基体中加入纤维可以明显地增加材料的热变形温度和模量，结晶能力也有所增加。洋麻纤维表面小颗粒的去除可以提高复合材料的冲击强度。此外，加入柔性聚酯可以提高复合材料的强度。这种复合材料可应用在电子产品行业。

Shinji[44]利用 KF 和 PLA 乳液制备了单一取向的 KF/PLA 复合材料。热分析结果表明 KF 在 180℃保持 60min，其拉伸强度会有所下降。因此，复合材料的加工温度设定为 160℃。这种单一取向的纤维增强复合材料的拉伸强度可达 223MPa，弯曲强度可达 254MPa。此外，在纤维含量低于 50％时，随着纤维含量的增加，复合材料的拉伸强度、弯曲强度和弹性模量呈线性增加。复合材料的降解性能用垃圾处理机器进行了测试，结果表明，4 周后复合材料的质量减少了 38％。

Naozumi 等[45]以蕉麻纤维（abaca fiber，AF）为基体，PLA 为增强组分制备了 AF/PLA 复合材料，研究了其降解性能。

Liu 等[46]通过热压法制备了 PLA/SBP 复合材料。合成的热塑性材料具有较低的密度，但是拉伸强度与纯 PLA 相当，并且具有相同的几何特征。复合材料的拉伸性能取决于 SBP 的含水量和复合材料的加工工艺。与 SBP 相比，复合材料的抗水性能增强。这可能是由于具有疏水性的 PLA 基体与 SBP 间相互作用引起的，这类复合材料在轻质建筑材料应用方面具有潜在价值。

Mohamed 等[47]通过挤出再注塑模压法制备了 PLA/甜菜浆纤维（sugar beet pulp，SBP）复合材料，并研究了复合材料的热性能。SBP 的加入增加了 PLA 的结晶性能，随着 SBP 含量的增加，复合材料的结晶度增加。

Yu 等人[48]制备了苎麻（ramie）纤维增强聚乳酸复合材料和黄麻（jute）纤维增强聚乳酸复合材料，研究它们的力学性能和热性能。结果表明：复合材料的性能比纯聚乳酸要好，当纤维含量达到 30％时，复合材料具有最优的力学性能；DMA 结果表明复合材料的储能模量比纯聚乳酸也提高了；复合材料的维卡软化温度（Vicat Softening Temperature）也高于纯聚乳酸；TGA 结果表明加入纤维之后，能明显改善聚乳酸的降解温度。此外，Yu 等人[49]还研究了己二酸丁二醇酯和对苯二甲酸丁二醇酯的无规/嵌段共聚物（PBAT）对于苎麻纤维增强聚乳酸复合材料性能的影响。PBAT 是己二酸丁二醇酯和对苯二甲酸丁二醇酯的无规/嵌段共聚物。含有丁二醇、己二酸、对苯二甲酸三种结构单元，由 PBA 和 PBT 的嵌段组成，兼具了长亚甲基链的柔顺性和芳环的抗冲击性[50-52]。测试结果表明：加入 5% PBAT 能够改善复合材料的力学性能，且能够提高复合材料的热稳定性，PBAT 加入过量，会影响复合材料基体与纤维的结合程度，使复合材料的性能降低。

2.4.3　植物纤维/聚乳酸复合材料的表面处理

从结构方面来看，纤维增强体和基体之间存在着一层组成和结构与纤维和基体均不相同的物质，即界面层。界面层的性质对复合材料的性能有决定性的影响。对于天然纤维/聚酯共混复合体系，纤维素大分子链之间及其内部强烈的氢键作用，使天然植物纤维表现较强的极性和亲水性，与疏水性差、非极性的树脂间的相容性差，从而影响复合材料的性能[53,54]。对天然纤维进行物理或化学改性能够有效地解决纤维和基体间的相容性问题[55,56]。

物理改性不改变纤维的化学组成，只是改变了纤维的物理结构和表面性能，从而改善纤维与基体树脂间的物理粘合。物理改性包括碱处理法、热处理法等。其中碱处理法是研究最多的方法。NaOH 溶液处理使天然纤维中的部分果胶、木质素和半纤维素等低分子杂质溶解以及微纤旋转角减小，分子取向度提高，从而对纤维的性质有两方面的影响：（1）提高纤维表面粗糙度，从而提高纤维与基体间的机械咬合力；（2）提高纤维表面纤维素的暴露比例，从而提高可用反应基团的数量[57]。因此，NaOH 溶液处理对麻纤维的力学性能有很显著的影响，特别是纤维的强度和硬度[58]。碱处理法关键在于碱的溶解形式、碱的浓度、体系温度、处理时间、材料的张力以及所用添加剂等。

偶联剂法也是一种常用的改善利用纤维与基体间界面常用的方法。利用偶联剂对麻纤维进行改性，一方面是纤维和偶联剂发生反应后，纤维表面的羟基数目减少，使纤维的吸水率减小，有利于天然纤维与基体聚合物的键合稳定性；另一方面，偶联剂处理可以使纤维和聚合物之间形成交联网络，减免纤维的溶胀。常用的偶联剂有硅烷偶联剂、钛酸酯偶联剂和铝酸酯偶联剂等。

Yu 等[59]分别采用 NaOH 溶液、硅烷偶联剂 KH550 溶液和硅烷偶联剂 KH560 溶液对苎麻纤维进行表面处理，机理如图 2-4 所示。力学性能测试、动态机械性能测试以及维卡软

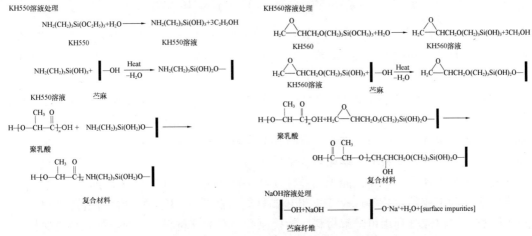

图 2-4　碱和偶联剂对植物纤维进行表面处理的原理图

化点测试等结果表明，表面处理能够有效地改善苎麻纤维和聚乳酸基体间的界面结合程度，从而提高复合材料的性能。苎麻经 NaOH 溶液处理可以使复合材料具有较好的力学性能，但其热稳定较差，使复合材料的热分解温度大幅下降。而采用硅烷偶联剂对纤维进行表面处理，虽然复合材料的力学性能略低于 NaOH 溶液处理的复合材料，但其具有良好的热稳定性。

异氰酸酯对羟基具有很高的反应活性，因此，利用二异氰酸酯作为处理剂，也可以实现改善植物纤维和聚乳酸的界面。Yu 等[60] 分别采用六亚甲基二异氰酸酯（1,6-hexamethylene diisocyanate，HDI）、二苯基甲烷二异氰酸酯（methylene diphenyl diisocyanate，MDI）、异佛尔酮二异氰酸酯（isophorone diisocyanate，IPDI）作为界面改性剂，比较三种二异氰酸酯对复合材料界面及性能的影响，其作用机理如图 2-5 所示。结果表明，几种二异氰酸酯都可以有效地改善复合材料的界面。其中，IPDI 可以使苎麻/聚乳酸复合材料获得更好的力学性能和热性能。当 IPDI 质量分数为 1.5％时效果最好，过多的用量反而导致复合材料性能下降。

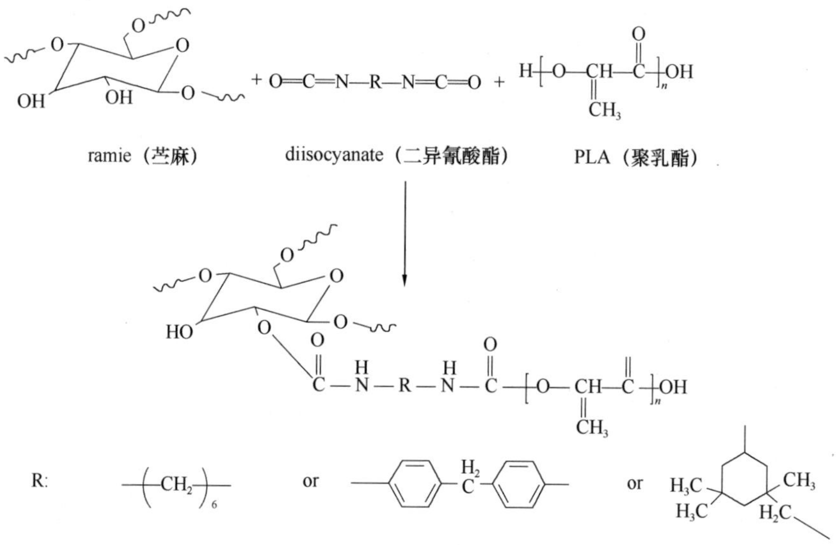

图 2-5　二异氰酸酯改性苎麻/聚乳酸复合材料的作用原理图

酯化改性可以降低植物纤维的表面极性，使其易于在基体中分散，从而改善纤维和聚合物的界面相容性。酯化试剂一般为乙酸、乙酸酐、马来酸酐、邻苯二甲酸酐等低分子羧基化合物。

Yu 等[61]采用马来酸酐作为界面改性剂，研究了其对苎麻/聚乳酸复合材料界面及性能的影响，其作用机理如图 2-6 所示。结果表明，马来酸酐的加入，增加了复合材料的拉伸、弯曲和冲击等力学性能，同时增加了复合材料的降解温度和维卡软化点。但是，马来酸酐加入的同时，降低了复合材料的玻璃化转变温度。

随着科技的不断发展，高性能天然纤维复合材料制品，可以广泛应用于汽车、建筑、船舶、家居装饰和工业品包装等行业[29]。开展高性能天然纤维/聚乳酸复合材料及其制品的应用开发研究，可以充分利用可降解材料，替代原有的石油基材料，这对于加强环境保护，坚持可持续发展道路，提高新材料技术对我国国民经济增长的贡献率，具有重大意义。

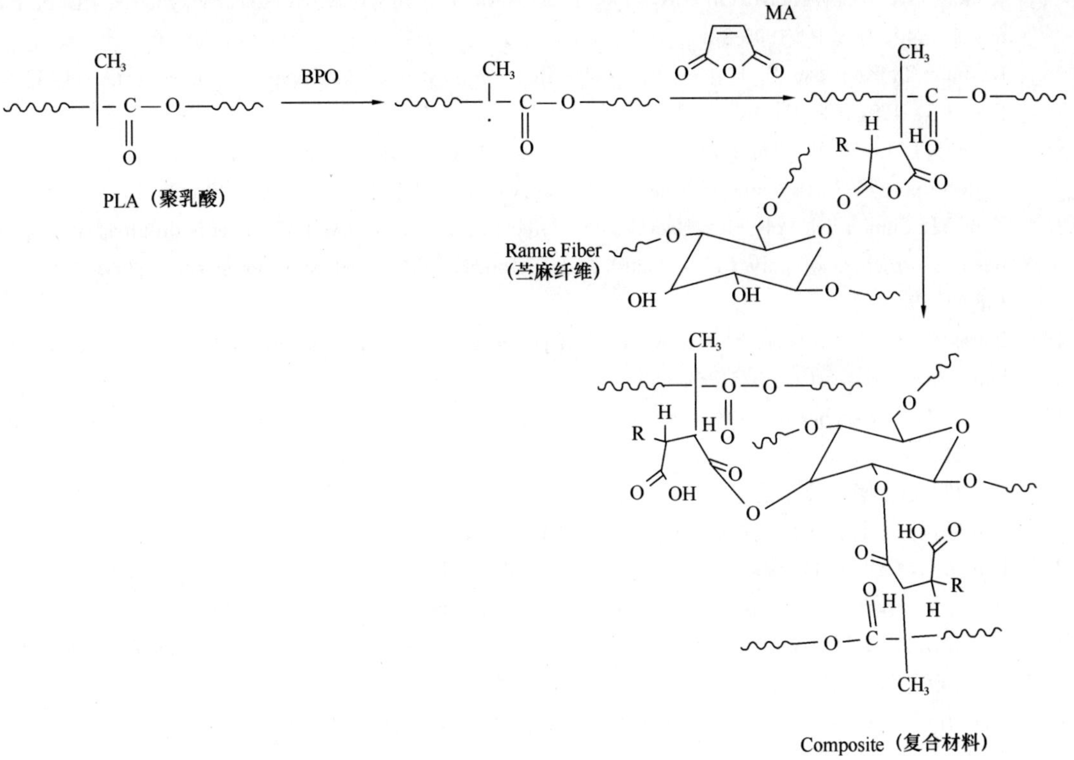

图 2-6 马来酸酐改性苎麻/聚乳酸复合材料的作用原理图

参考文献

[1] Kulkarni R K，Pani K C，Neuman C，et al. Polylactic acid for surgical implants[J]. Archives of Surgery，1966，93(5)：839-843.

[2] Schneider A K. Polylactide sutures：U. S. Patent 3，636，956[P]. 1972-1-25.

[3] Michel T Y. Suture preparation：U. S. Patent 3，531，561[P]. 1970-9-29.

[4] De Santis P，Kovacs A J. Molecular conformation of poly (S - lactic acid)[J]. Biopolymers，1968，6 (3)：299-306.

[5] Kalb B，Pennings A J. General crystallization behaviour of poly (L-lactic acid)[J]. Polymer，1980，21 (6)：607-612.

[6] Vasanthakumari R，Pennings A J. Crystallization kinetics of poly (l-lactic acid)[J]. Polymer，1983，24 (2)：175-178.

[7] Leenslag J W，Pennings A J. Synthesis of high - molecular - weight poly (L - lactide) initiated with tin 2 - ethylhexanoate[J]. Die Makromolekulare Chemie，1987，188(8)：1809-1814.

[8] Ikada Y，Tsuji H. Biodegradable polyesters for medical and ecological applications[J]. Macromolecular rapid communications，2000，21(3)：117-132.

[9] Okihara T，Tsuji M，Kawaguchi A，et al. Crystal structure of stereocomplex of poly (L-lactide) and poly (D-lactide)[J]. Journal of Macromolecular Science, Part B：Physics，1991，30(1-2)：119-140.

[10] 陈小锋，张政朴. 聚乳酸直接合成的研究[J]. 化学试剂，2004，26(3)：143-147.

[11] 翁云宣. 聚乳酸合成，生产，加工及应用研究综述[J]. 塑料工业，2007，35(B06)：69-73.

［12］ Ichikawa F, Kobayashi M, Ohta M, et al. Process for preparing polyhydroxycarboxylic acid：U. S. Patent 5，440，008［P］. 1995-8-8.

［13］ Kashima T, Kameoka T, Higuchi C, et al. Aliphatic polyester and preparation process thereof：U. S. Patent 5，428，126［P］. 1995-6-27.

［14］ Moon S I, Lee C W, Taniguchi I, et al. Melt/solid polycondensation of L-lactic acid：an alternative route to poly (L-lactic acid) with high molecular weight［J］. Polymer，2001，42(11)：5059-5062.

［15］ Tsuji H, Sumida K. Poly (L - lactide)：v. effects of storage in swelling solvents on physical properties and structure of poly (L - lactide)［J］. Journal of applied polymer science，2001，79(9)：1582-1589.

［16］ Auras R, Harte B, Selke S. An overview of polylactides as packaging materials［J］. Macromolecular bioscience，2004，4(9)：835-864.

［17］ Kharas G B, Sanchez-Riera F, Severson D K. Polymers of lactic acid［J］. Plastics from microbes：microbial synthesis of polymers and polymer precursors，1994：93-137.

［18］ 麦杭珍，赵耀明. 聚乳酸的成型加工及其降解性能［J］. 塑料工业，2000，28(5)：28-30.

［19］ 生物基高分子材料［M］. 北京：化学工业出版社，2012.

［20］ Perego G, Cella G D, Bastioli C. Effect of molecular weight and crystallinity on poly (lactic acid) mechanical properties［J］. Journal of Applied Polymer Science，1996，59(1)：37-43.

［21］ Hartmann M H, Kaplan D L. Biopolymers from renewable resources［J］. Kaplan，DL，Ed，1998：367.

［22］ Garlotta D. A literature review of poly (lactic acid)［J］. Journal of Polymers and the Environment，2001，9(2)：63-84.

［23］ 钟世云，许乾慰，王公善. 聚合物降解与稳定化 (Polymer Degradation and Stability)［J］. 2002.

［24］ Auras R, Harte B, Selke S. An overview of polylactides as packaging materials［J］. Macromolecular bioscience，2004，4(9)：835-864.

［25］ Minghsi H, Jean C, Suming L, et al. Methylated and pegylated PLA - PCL - PLA block copolymers via the chemical modification of di-hydroxy PCL combined with the ring opening polymerization of lactide［J］. J Polym Sci Pol Chem，2005，43：4196-4205.

［26］ Hanna B, Pierre S, Patrick V. Characterization, degradation, and mechanical strength of poly(D, L-lactide-co-ε-caprolactone)-poly(ethylene glycol)-poly(D, L-lactide-co-ε-caprolactone)［J］. Biomed Mater Res，2007，83A：503-511.

［27］ Piao L, Sun J, Zhong Z, et al. Synthesis and characterization of poly(ε-caprolactone)-poly(L-lactide) diblock copolymers with an organic amino calcium catalyst［J］. J Appl Polym Sci，2006，102：2654-2660.

［28］ Marcin F, Jan L, Jaroslav M, et al. L, L-lactide and ε-caprolactone block copolymers by a 'poly(L, L-lactide) block first' route［J］. Macromol Rapid Commun，2007，28：1385-1391.

［29］ Tao Yu, Jie Ren, Shuying Gu, Ming Yang. Preparation and characterization of biodegradable poly(lactic acid)-block-poly(ε-caprolactone) multiblock copolymer［J］. Polymers for Advanced Technologies. 2010，21：183-188.

［30］ Tao Yu, Jie Ren, Shuying Gu, Ming Yang. Synthesis and characterization of poly(lactic acid) and aliphatic polycarbonate copolymers［J］. Polymer International. 2009，58：1058-1064.

［31］ Ohkoshi I, Abe H, Doi Y. Miscibility and solid-state structures for blends of poly［(S)-lactide］with atactic poly［(R, S)-3-hydroxybutyrate］［J］. Polymer，2000，41：5985-5992.

［32］ Wang L, Ma W, Gross R A, et al. Reactive compatibilization of biodegradable blends of poly(lactic acid) and poly(e-caprolactone)[J]. Polym Degrad Stabil, 1998, 59: 161-168.

[33] Martin O, Averous L. Poly(lactic acid): plasticization and properties of biodegradable multiphase systems[J]. Polymer, 2001, 42: 6209-6218.

[34] Zhang G B, Zhang J M, Zhou X S, et al. Miscibility and phase structure of binary blends of polylactide and poly(vinylpyrrolidone)[J]. J Appl Polym Sci, 2003, 88: 973-981.

[35] Mitsuhiro S. Mechanical properties, morphology, and crystallization behavior of blends of poly(L-lactide) with poly(butylene succinate-co-L-lactate)and poly(butylene succinate)[J]. Polymer, 2006, 47: 3557-3564.

[36] Ogata N, Jimenez G, Kawai H, et al. Structure and thermal/mechanial properties of poly(l-lactide)-clay blend[J]. J Polym Sci Part B: Polym Phys, 1997, 35: 389-396.

[37] Chang J H, An Y U. Poly(lactic acid) nanocomposites: comparison of their properties with montmorillonite and synthetic mica (II)[J]. Polymer, 2003, 44: 3715-3720.

[38] Schmidt D, Shah D, Emmanuel P, et al. New advances in polymer/ layered silicate nanocomposites [J]. Current Opinion in Solid State & Material Science, 2002, 6: 205-212.

[39] Pralay M, Kazunobu Y. New polylactide/layered silicate nanocomposites: role of organoclays[J]. Chem Mater, 2002, 14: 4654-4661.

[40] David P, Tom L A, Walther B P, et al. Biodegradable composites based on L-polylactide and jute fibres[J]. Compos Sci Technol, 2003, 63: 1287-1296.

[41] Khondker O A, Ishiaku U S, Nakai A, et al. A novel processing technique for thermoplastic manufacturing of unidirectional composites reinforced with jute yarns [J]. Compos Part A, 2006, 37: 2274-2284.

[42] Oksman K, Skrifvars M, Selin J F. Natural fibres as reinforcement in polylactic acid (PLA) composites[J]. Compos Sci Technol, 2003, 63: 1317-1324.

[43] Shin S, Kazuhiko I, Masatoshi I. Kenaf-fiber-reinforced poly(lactic acid) used for electronic products [J]. J Appl Polym Sci, 2006, 100: 618-624.

[44] Shinji O. Mechanical properties of kenaf fibers and kenaf/PLA composites[J]. Mech Mater, 2008, 40: 446-452.

[45] Naozumi T, Kohei U, Koichi O, et al. Biodegradation of aliphatic polyester composites reinforced by abaca fiber[J]. Polym Degrad Stabil, 2004, 86: 401-409.

[46] Liu L S, Fishman M L, Hicks K B, et al. Biodegradable composites from sugar beet pulp and poly(lactic acid)[J]. J Agric Food Chem, 2005, 53: 9017-9022.

[47] Mohamed A A, Finkenstadt V L, Palmquist D E. Thermal properties of extruded/injection-molded poly(lactic acid) and biobased composites[J]. J Appl Polym Sci, 2008, 107: 898-908.

[48] Yu T, Li Y, Ren J. Preparation and properties of short natural fiber reinforced poly (lactic acid) composites[J]. Transactions of Nonferrous Metals Society of China, 2009, 19: s651-s655.

[49] Tao Yu, Yan Li. Influence of poly(butylenes adipate-co-terephthalate) on the properties of the biodegradable composites based on ramie/poly(lactic acid)[J]. Composites Part A. 2014, 58: 24-29.

[50] Kang H J, Park S S. Characterization and biodegradability of poly(butylene adipate-co-succinate) poly (butylene terephthalate) copolyester[J]. J Appl Polym Sci, 1999, 72: 593-608.

[51] Ki H C, Park O O. Synthesis, characterization and biodegradability of the biodegradable aliphatic-aromatic random copolyesters[J]. Polymer, 2001, 42: 1849-1861.

[52] Cranston E, Kawada J, Raymond S, et al. Cocrystallization Model for Synthetic Biodegradable Poly (butylene adipate- co-butylene terephthalate)[J]. Biomacromolecules, 2003, 4: 995-999.

[53] Zadorecki P, Flodin P. Surface modification of cellulose fibres. I. Spectroscopic characterization of surface-modified cellulose fibbers and their copolymerization with styrene[J]. J Appl Polym Sci, 1985, 30: 2419-2429.

[54] Zadorecki P, Flodin P. Surface modification of cellulose fibres. II. The effect of cellulose fibre treatment on the performance of cellulose-polyester composites[J]. J Appl Polym Sci, 1985, 3: 3971-3983.

[55] Samal R K, Mohanty M, Panda B B. Effect of chemical modification on FTIR spectra: physical and chemical behavior of juteII[J]. J Polym Mater, 1995, 12: 235-240.

[56] Gassan J, Bledzki A K. Possibilities for improveing the chemical properties of jute/epoxy composites by alkali treatment[J]. Compos Sci Technol, 1999, 59: 1303-1309.

[57] Agrawal R, Saxena N S, Sharma K B, et al. Activation energy and crystallization kinetics of untreated and treated oil palm fiber reinforced phenol formaldehyde composites[J]. Mat Sci Eng A-Struct, 2000, 277: 77-82.

[58] Riedel U, Nickel J. Natural fibre-reinforced biopolymers as construction materials-new discoveries[J]. Die Angew Macromol Chemie, 1999, 22: 34-40.

[59] Yu T, Ren J, Li S, et al. Effect of fiber surface-treatments on the properties of poly (lactic acid)/ramie composites[J]. Composites Part A: Applied Science and Manufacturing, 2010, 41(4): 499-505.

[60] Tao Yu, Changqing Hu, Xunjian Chen, Yan Li. Effect of isocyanates as compatibilizer on the properties of ramie/poly(lactic acid) (PLA) composites[J]. Composites Part A, 2015, 76: 20-27.

[61] Tao Yu, Ning Jiang, Yan Li. Study on short ramie fiber/poly(lactic acid) composites compatibilized by maleic anhydride[J]. Composites Part A, 2014, 64: 139-146.

3　生物基热固性树脂及其性能研究

3.1　引　言

　　生物基高分子材料主要是指以淀粉、蛋白质、纤维素、甲壳素、植物油等一些天然可再生资源为起始原料，通过一系列化学、生物或物理转化而得到的一类新型材料，注重原材料的生物来源性和可再生性。它既包括可降解或堆肥的塑料，也包括非降解塑料；既可以是热塑性材料，也可以是热固性树脂。此类高分子材料以可再生资源为主要原料，在减少塑料行业对石油化工产品依赖的同时，也减少 CO_2 的排放，具有节约石油资源和保护环境的双重功效，是当前高分子材料的一个重要发展方向。目前，除了为人们所熟知的生物基材料，如PLA、PHA、氨基酸及其衍生物等已经实现规模化生产以外，很多常见聚合物如聚乙烯（PE）、聚丙烯（PP）、聚氯乙烯（PVC）、聚酰胺和聚酯都已经逐渐被可再生原料完全或部分替代：如 Dupont 公司采用谷物为原料，在美国田纳西州通过发酵工艺生产 1,3-丙二醇，从而制备得到了生物基的聚二甲苯丙二酯（PTT）[1]；Dow 在 2012 年建立年产 35 万吨的生物基 PE 生产线[2]；SOLVAY 也将它在巴西以甘蔗为原料制备 PVC 的产能扩大到了年产36 万吨[3]。基于目前生物基塑料的长足发展，欧洲生物塑料协会（Associations European Bioplastics）和欧洲多糖卓越网（European Polysaccharide Network of Excellence, EP-NOE）在 2009 年 11 月 9 日发表了一份关于生物基塑料的联合研究调查报告。来自荷兰乌得勒支大学（Utrecht University）的调查人员认为，目前塑料消费总量的 90% 以上被生物基塑料代替在技术上完全可行，足以见得它广阔的发展空间。

　　然而，相对于这些天然高分子或热塑性生物基树脂的快速发展，对于生物基热固性树脂，如环氧树脂、不饱和聚酯等的研究则相对较少，尤其是高性能生物基环氧树脂的研究和报道更是极为有限。主要原因是：已被零星报道的一些生物基热固性树脂普遍存在玻璃化转变温度低、力学强度不够、性能不稳定等问题，综合性能难以与现在广泛使用的石油基热固性树脂相比较，在其高性能化和实用化研究方面暂未取得突破或找到切实可行的途径。本章主要介绍了在生物基热固性树脂合成及其在复合材料中应用的一些最新研究成果，聚焦于以松香酸、衣康酸和植物油等为原料，设计合成的含有刚性环状结构、柔性脂肪链结构、刚性柔性结构相结合的系列生物基热固性树脂，系统研究并建立了生物基平台化合物结构特点、分子结构设计与热固性树脂性能之间的关系，解决了现有生物基热固性树脂热学、力学性能差，难以满足实际应用需求的问题，为高性能生物基热固性树脂的设计合成提供一些新的思路和方法。

3.2　基于松香酸的环氧树脂及固化剂

　　松香是从松树的树干上分泌出的一种微黄至棕红色的脆性、透明的固体天然树脂，是我

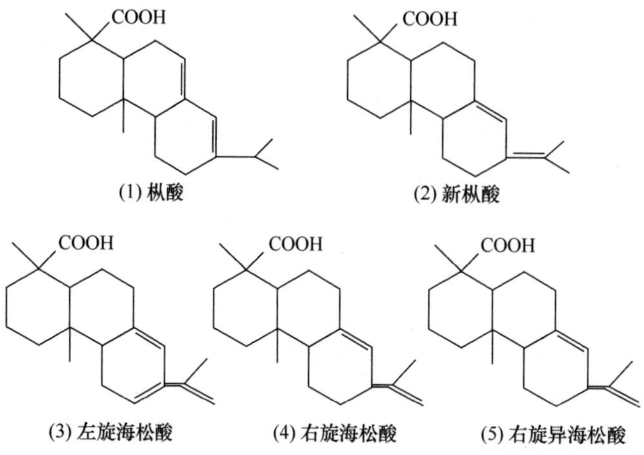

(1) 枞酸　(2) 新枞酸

(3) 左旋海松酸　(4) 右旋海松酸　(5) 右旋异海松酸

图 3-1　松香酸五种主要的异构体结构式

国重要的天然可再生资源。我国年产松香 60 万～70 万吨，是世界上最大的松香原产国和出口国，具有世界松香价格的决定权。松香主要由各种异构化的松香酸 $C_{19}H_{29}COOH$ 和少量中性物质组成，其中松香酸是主要成分，约占其总量的 90% 以上，目前已广泛应用于油漆、肥皂、油墨、胶粘剂和化妆品等领域[4]。随着现代分析技术的进步，现已探明松香酸有九种结构不同的异构体，其中主要的五种异构体：枞酸、新枞酸、左旋海松酸、右旋海松酸、右旋异海松酸如图 3-1 所示。

可以看出，松香酸中含有双键和羧基等活性官能团，方便进行 Diels-Alder 加成、酯化、缩合等多种化学反应。同时，其庞大的氢菲环结构具有较高的力学刚性，可与石油基脂肪族或芳香族环状单体媲美，所以松香及其衍生物已经被作为某些化工原料的替代物应用于高分子合成领域。

3.2.1　基于松香酸的环氧树脂固化剂

环氧树脂固化剂的种类繁多，主要分为加成聚合型和催化型两大类，其中常见的加成聚合型固化剂主要有多元胺型、酸酐型、酚醛型和聚硫醇型四大类。由于松香酸中含有活性羧基和共轭的双键结构，因此，基于松香的环氧树脂固化剂主要为酸酐或羧酸类加成聚合型固化剂。

普通松香酸经过高温异构化后可以与马来酸酐进行 D-A 加成，得到如图 3-2 所示同时

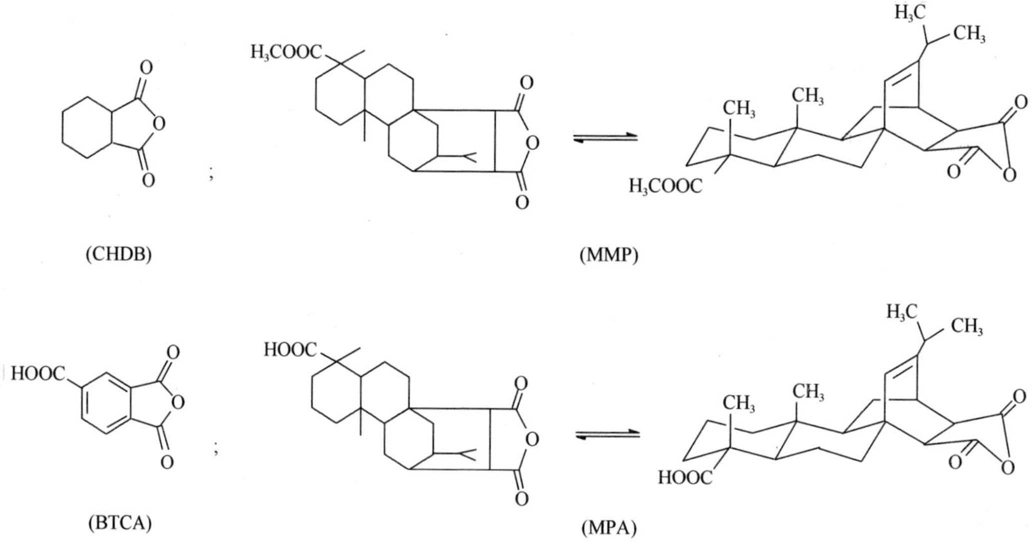

图 3-2　松香基固化剂 MMP、MPA 与石油基固化剂 CHDB、BTCA 的结构示意图

含有酸酐和羧基的马来海松酸（MPA），通过甲酯化反应可以将 MPA 中的活性羧基酯化，从而将 MPA 转化为马来海松酸甲酯（MMP）。MMP 和 MPA 都含有能与环氧基团进行开环加成反应的羧基和酸酐，可以作为酸酐类环氧树脂固化剂使用。为了评价它们作为固化剂使用时的综合性能以及替代现有石油基化合物的可能性，与它们结构相似的石油基单体化合物六氢苯酐（CHDB）和偏苯三酸酐（BTCA）也作为固化剂在相同条件下分别与环氧树脂 DER 332（171～175eq/g）进行了固化反应。如图 3-3 所示为不同固化体系的储能模量-温度关系［图 3-3（a）］及损耗角-温度关系［图 3-3（b）］，可以看出 MMP 与 CHDB，MPA 与 BTCA 作为固化剂固化后所得环氧树脂的模量基本相同，但是 MMP 和 MPA 体系表现出更高的玻璃化转变温度。这主要是由于 MMP 与 CHDB，MPA 与 BTCA 在固化环氧树脂 DER 332 时，具有相同的官能度（分别为 2 个官能度和 3 个官能度），但是 MMP 和 MPA 相对于 CHDB 和 BTCA 而言，其庞大的氢菲环结构具有更大的空间位阻效应，可以阻碍分子链的自由运动，从而在一定程度上提高了环氧树脂的玻璃化转变温度[5]。

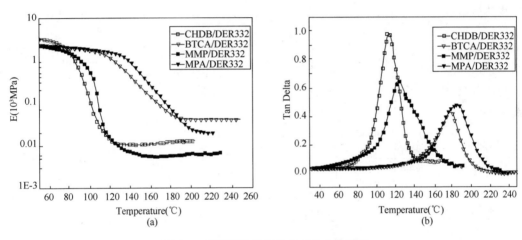

图 3-3　不同固化体系的动态热力学性能

（a）储能模量-温度关系；（b）损耗角-温度关系

　　上述固化剂虽然可以提高环氧树脂固化物的玻璃化转变温度，但是由于松香酸酐的稠环刚性结构会进一步增加环氧树脂的脆性。为了调节松香基固化剂的分子链柔性，从而改善环氧树脂固化物的脆性，Wang 等人[6]将柔性的聚酯链段引入了松香固化剂体系，制备得到了如图 3-4 所示的马来海松酸酐封端的柔性酸酐型环氧固化剂，并将该固化剂用于环氧树脂的固化。结果表明这种固化剂大大提高了固化物的断裂伸长率，显示出很强的韧性。随着两个松香酸酐中间柔性链段的加长，固化物的韧性也随之而增加，从而克服了松香酸固化剂造成固化物脆性过高的问题。

　　聚酰亚胺以其优异的耐热性能而著称，将酰亚胺结构引入环氧树脂将有利于提高环氧树脂的耐热性能，从而实现其功能化。为提高环氧固化物的热分解温度和玻璃化转变温度，我们合成了两种含有松香氢菲环结构的酰亚胺二酸作为环氧树脂的羧酸类固化剂 RMID 和 D-RMID（图 3-5）。为作对比，同样以偏苯三酸酐为原料合成出与上两种酰亚胺二酸结构相类似的化合物 NCPT。研究结果发现相对于石油基偏苯三酸酐酰亚胺二酸固化的环氧树脂 DER6224（NCPT/DER6224），由松香基酰亚胺二酸固化得到的固化物（RMID/DER6224，

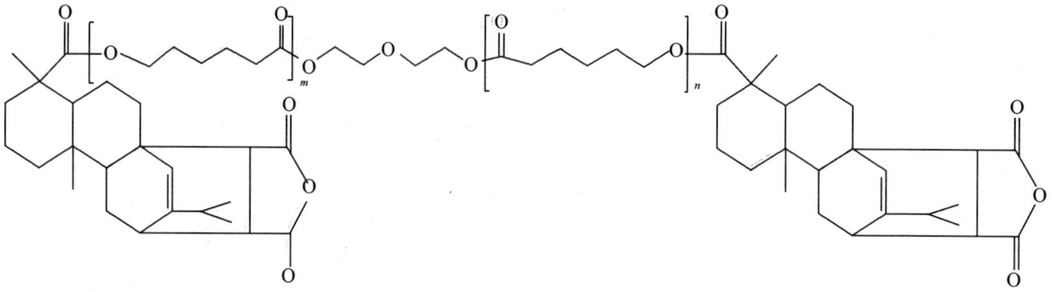

图 3-4　柔性酸酐型松香固化剂结构示意图

D-RMID/DER6224）玻璃化转变温度提高了 35～45℃，分别达到 141℃和 152℃。同时，相对于不含酰亚胺结构的普通环氧树脂固化物而言，酰亚胺结构的引入也极大地提高了它们的热分解温度，其热失重 5% 的温度高达 350℃以上，充分证明了酰亚胺结构在提高环氧树脂固化物热分解温度上的潜力[7]。

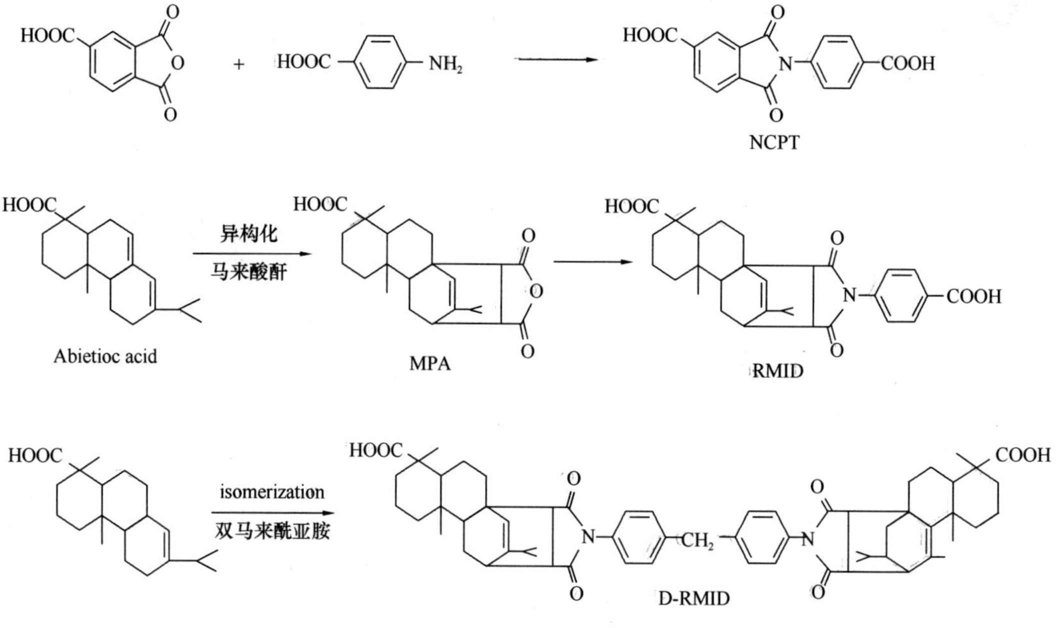

图 3-5　含有酰亚胺结构羧酸类固化剂的合成

3.2.2　基于松香酸的环氧树脂

　　普通双酚 A 或双酚 F 类环氧树脂因含有芳香族苯环造成耐紫外性能较差，研究和开发高耐候性环氧树脂成为一个重要研究方向。松香酸中含有巨大的氢菲环结构，具有和脂环族、芳香族相类似的分子刚性，在环氧树脂结构中引入松香的稠环结构可以提高环氧树脂的抗紫外光性能，随着环氧树脂稠环结构数量的增加，相应环氧树脂材料的耐候性能、热学性能和力学强度也会逐步提高。早在 1989 年 Maiti 等人[8]就利用松香酸与环氧溴丙烷反应生成了含单环氧基团的松香基环氧树脂（图 3-6）。我们知道，环氧树脂固化物的最终性能不但取决于环氧单体或固化剂本身的化学结构，还决定于最终固化物的交联密度。由于单官能度环氧树脂固化之后交联密度不高，松香基环氧树脂的特性没有得到很好的体现。

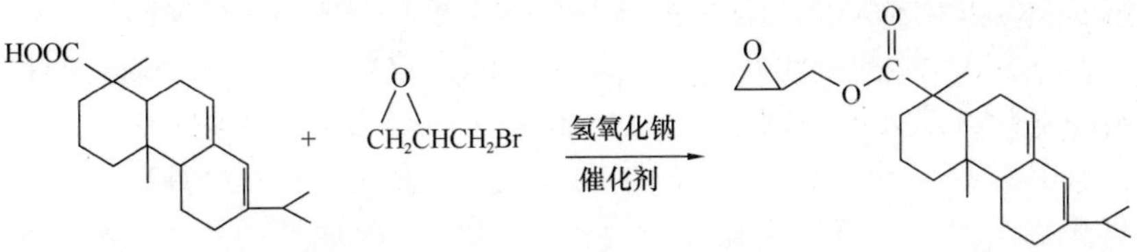

图 3-6　单官能度松香环氧树脂的合成

增加环氧树脂的官能团数量将有利于提高固化物的交联密度，从而提高其热力学性能。我们采用马来海松酸酐与对氨基苯甲酸合成了如图 3-7 所示的二元酸 RMID，然后将其进一步与环氧氯丙烷反应得到双官能团的缩水甘油酯型环氧树脂。与通用型环氧树脂相比，该类环氧树脂的玻璃化转变温度和热分解温度均有所提高[9]。

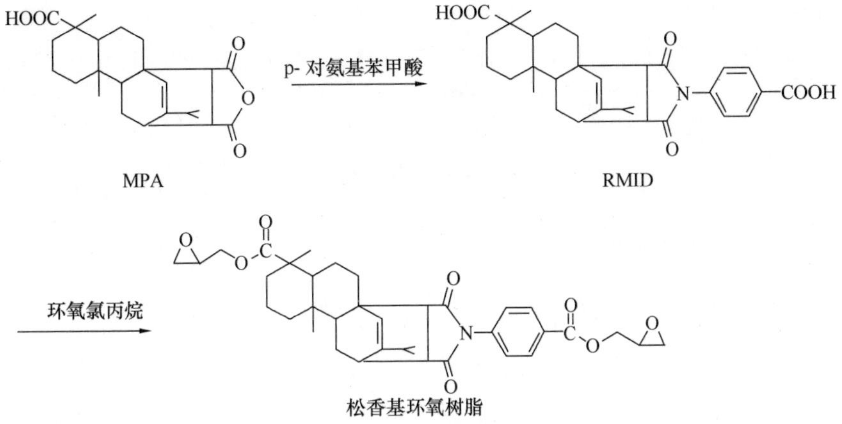

图 3-7　双官能度松香环氧树脂的合成

图 3-8 是以松香酸为起始原料制备马来海松酸酐三缩水甘油酯的合成路线。该环氧树脂同时含有刚性的稠酯环结构和三个活性环氧基团，具备了合成高耐热、高强度环氧树脂固化

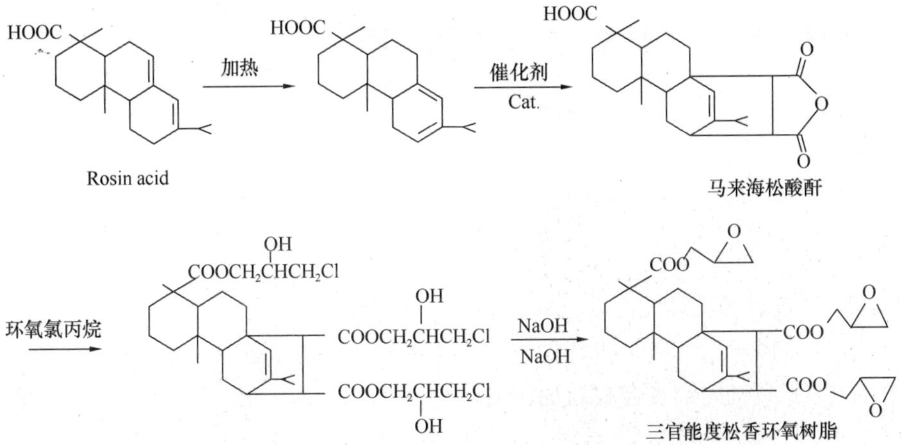

图 3-8　马来海松酸酐及三官能度松香环氧树脂的合成路线

物的潜力[10]。将该环氧树脂与上述松香基固化剂相结合，可以制备得到一种全生物基环氧树脂固化物。研究结果表明这类全松香基树脂具有相对高的玻璃化转变温度（164℃）、弯曲强度（70MPa）和模量（2200MPa），与同类的石油基双酚 A 类环氧树脂综合性能基本相当。孔振武等也利用马来海松酸酐为原料制备得到了结构相同的马来海松酸三缩水甘油酯型环氧树脂。并让其在常温下与聚酰胺等发生固化反应，所得固化产物具有优异的耐热性、力学刚性及紫外光稳定性能，可应用在真空浇注、APG 注射成型的户外型电工绝缘产品中，是一种性能优异的生物基环氧树脂[11]。

缩水甘油胺型环氧树脂是高性能复合材料常用的树脂基体，特点是黏度低、活性高、耐热性高、粘结力强、力学性能和耐腐蚀性好。脱氢松香胺是松香酸的另外一种重要衍生物，其结构中的氨基适合于合成缩水甘油胺型环氧树脂。图 3-9 是以脱氢松香胺为原料，直接与环氧氯丙烷反应得到脱氢松香胺基环氧树脂（DGDHAA）的合成路线。为方便对比研究松香稠环结构对环氧树脂固化物的性能影响，同时还合成一种结构类似的苄胺基环氧树脂（DGBA）。研究结果表明，由于庞大氢菲环结构的存在，DGDHAA 经过六氢苯酐固化之后所得固化物的玻璃化转变温度可以达到 167℃，远高于同类 DGBA 固化物的玻璃化转变温度（114℃）[12]。

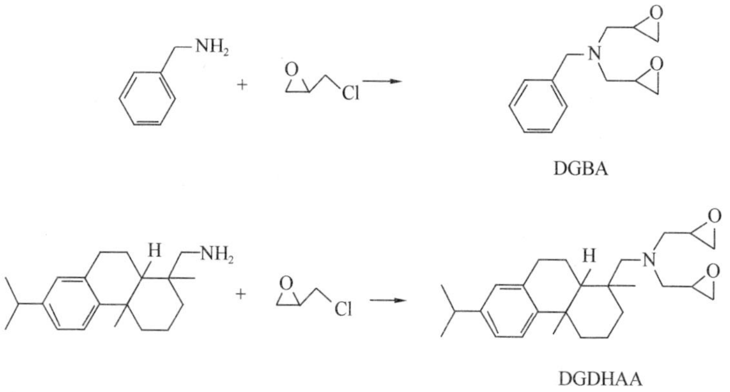

图 3-9　脱氢松香胺基环氧和苄胺基环氧的合成

3.2.3　基于松香酸环氧树脂和固化剂的示范应用

研究开发资源友好型绿色航空已经成为国际航空技术领域的共识，成为下一代航空技术发展的重要方向，如何实现航空用复合材料的绿色化和环保化也是一个重要的议题。中科院宁波材料所在国家 973 计划项目"先进复合材料空天应用技术基础科学问题研究"、中欧政府间合作项目"GRAIN2"等支持下，与中航工业北京航空材料研究院合作，将上述松香基环氧树脂和固化剂应用于飞机内饰复合材料的制备，并且进行了相关的示范应用。如表 3-1、表 3-2 所示，为松香基树脂/玻璃纤维复合材料与同类石油基树脂/玻璃纤维复合材料的综合性能对比。可以看出，以可再生松香酸为原料制备得到的环氧树脂完全有望替代现有的石油基树脂，用于飞机内饰复合材料的制备。

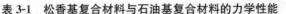

表3-1　松香基复合材料与石油基复合材料的力学性能

项目	单位	条件	石油基树脂/玻纤复合材料	松香基树脂/玻纤复合材料	测试方法
单层厚度	mm	—	0.241	0.241	—
弯曲强度	MPa	R.T	696	716	ASTM D 790
弯曲模量	GPa	R.T	19.9	22.7	
剪切强度	MPa	R.T	45	49.7	ASTM D 2344
拉伸强度	MPa	R.T	470	573	ASTM D638-03
		71℃	449	449	
		93℃	385	387	
拉伸模量	GPa	R.T	22.5	24.6	
		71℃	21.6	21	
		93℃	18.4	16.8	
压缩强度	MPa	R.T	474	432	ASTM D695-08
		71℃	320	311	
		93℃	304	311	
压缩模量	GPa	R.T	23.9	23	
		71℃	20.1	22.6	
		93℃	19.8	20.5	
压缩剪切强度	MPa	R.T	55.4	59.1	ASTM D3846-02
		71℃	43.1	43	
		93℃	40.5	37	
剥离强度	N·mm/mm	R.T	38 40.5	24.5 33.6	Q/6S1145—1994

表3-2　松香基复合材料及石油基复合材料的阻燃及电学性能

项目		条件	目标	石油基树脂/玻纤复合材料	松香基树脂/玻纤复合材料
60s 垂直燃烧	离火自熄时间（s）	—	≤15	4.0	4.5
	焦烧长度（cm）	—	≤6	4.2	4.4
	滴落自熄时间（s）	—	≤3	3.2	3.7
介电损耗因数 （21℃/9.3kHz）		干态	≤0.023	0.022	0.021
		湿态	≤0.023	0.021	0.021
介电常数 （21℃/9.3kHz）		干态	4.37～4.94	4.2	4.48
		湿态	4.37～4.94	4.50	4.52

3.3　基于衣康酸的环氧树脂

衣康酸最早是 Baup 在 1836 年高温分解柠檬酸时发现的。1945 年，Lockwood 等人研究了土曲霉发酵生产衣康酸的影响因素，为工业化生产衣康酸奠定了基础。我国对衣康酸的研究始于 20 世纪 60 年代初期，但系统地研究衣康酸的生产菌种及工艺技术开始于 20 世纪 80 年代末期。21 世纪初期，国内许多企业纷纷上马衣康酸项目。目前我国已成为最大的衣康酸生产国，年生产能力约 10 万吨，年需求量却不到 3 万吨，产能严重过剩。从分子结构上考虑，衣康酸含有两个羧基和一个双键，适合于化学改性和合成，已被广泛应用于除锈剂、保水剂、药物合成和涂料等行业，美国能源部也将其列入了最具发展潜力的 12 种生物基平台化合物之一[13]。

我们以衣康酸为起始原料，直接与环氧氯丙烷在碱性条件下合成了衣康酸环氧树脂（EIA），合成路线如图 3-10 所示[14]。很显然，利用羧基与环氧氯丙烷酯化反应合成环氧树脂的方法往往会得到多种低聚物组成的混合物，它们的化学结构或分子量分布对环氧树脂固化物的最终使用性能影响很大。通过调节衣康酸与环氧氯丙烷的摩尔比，可以调控图 3-10 中两种环氧树脂 A 和 B 的含量及其聚合度 m 和 n 的大小，进而调控其环氧值。本实验中，环氧氯丙烷与衣康酸的摩尔比控制在 10：1，反应温度为 105℃。

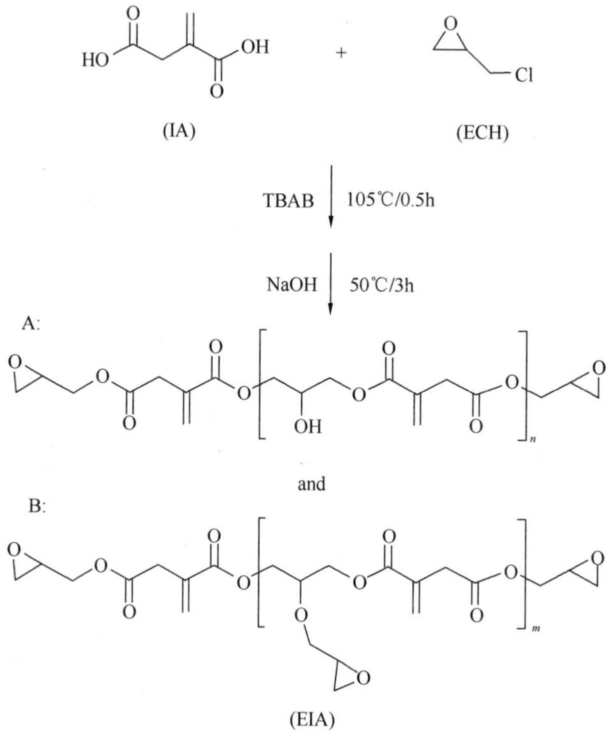

图 3-10　衣康酸环氧树脂合成及
可能存在的低聚物化学结构式

为了更精确地表征 EIA 的结构信息，我们对 EIA 进行了 ESI-ION TRAP 质谱分析，如图 3-11 所示。很明显，质谱图中出现了多重分子离子峰，说明该反应生成了多种低聚物，这主要是由于环氧基团与羧基、羟基等之间的竞争反应而造成。当环氧氯丙烷只与衣康酸中的羧基反应，就会得到如图 3-10 和表 3-3 中 A 结构的线型低聚物，它们的摩尔质量可以归纳为 $M=242+186n$（$n=0，1，2，3$）。当环氧氯丙烷与衣康酸开环环氧基团形成的仲羟基反

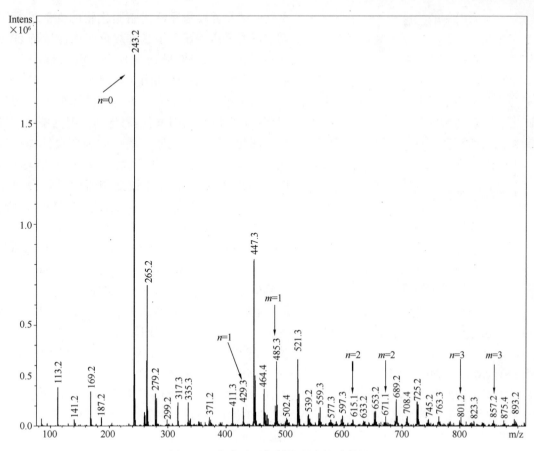

图 3-11 衣康酸环氧树脂混合物质谱图

应，就会形成如图 3-10 和表 3-3 中 B 结构的支化低聚物，它们的摩尔质量可以归纳为 $M=484+186m$（$m=1$，2，3）。尽管各个低聚物所占的比例不能通过质谱精确得到，但我们可以很清楚地看到 243.2 处代表衣康酸二缩水甘油酯单体（$n=0$）的强度远高于其他峰，这说明衣康酸二缩水甘油酯单体（$n=0$）在混合物中所占的比例最大。经过盐酸丙酮法测定该环氧树脂的环氧值为 0.625。

表 3-3 可能的衣康酸环氧树脂低聚物结构式、摩尔质量及对应的结构式

摩尔质量（g/mol）	分子式	结构
242	$C_{11}H_{14}O_6$	A（$n=0$）
428	$C_{19}H_{24}O_{11}$	A（$n=1$）
484	$C_{22}H_{28}O_{12}$	B（$m=1$）
614	$C_{27}H_{34}O_{16}$	A（$n=2$）
670	$C_{33}H_{42}O_{18}$	B（$m=2$）
800	$C_{35}H_{44}O_{21}$	A（$n=3$）
856	$C_{44}H_{56}O_{24}$	B（$m=3$）

考虑到衣康酸环氧树脂分子结构中含有$-C\!=\!CH_2$，我们在将其与六氢苯酐进行固化反应时，引入活性双键单体以形成环氧开环固化和双键共聚合的双重固化体系。通过选择具有不同刚/柔性的活性单体（刚性二乙烯基苯（DVB）和柔性单体环氧大豆油丙烯酸酯（AE-

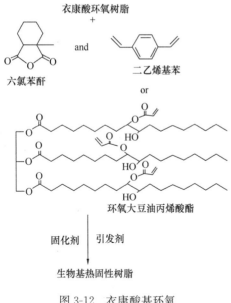

衣康酸环氧树脂
+
六氯苯酐

and

二乙烯基苯
or

环氧大豆油丙烯酸酯

固化剂　引发剂

生物基热固性树脂

图 3-12　衣康酸基环氧
树脂与 DVB、AESO 的固化示意图

SO))对衣康酸基环氧树脂固化物的性能进行了调节，并系统地研究了这种双重固化行为及 DVB 和 AESO 加入量对最终固化物性能的影响。本实验中固化反应示意图如图 3-12 所示。

为了进行对比研究，我们同样将双酚 A 环氧树脂（DGEBA）在相同的固化剂和固化条件下进行了固化。不同固化体系的拉伸和弯曲性能比较如图 3-13 所示。在没有加入共固化单体时，EIA0 的拉伸强度、弯曲强度和弯曲模量都要比 DGEBA 固化物高，分别达到了 87.5 MPa、152.4MPa 和 3400MPa。当添加 5% 和 10% 的 DVB 或 AESO 时（EIA-D5，EIA-D10，EIA-A5，EIA-A10），EIA 固化物的拉伸强度和弯曲强度略微降低，随着 DVB 或 AESO 添加量的增加，EIA 固化物的拉伸强度和弯曲强度下降非常明显。随着 DVB 含量的增加，EIA 固化物的断裂伸长率从 6.36%（EIA-D5）降到了 3.82%（EIA-D20），

弯曲模量从 3500MPa（EIA-D5）提高到了 3700MPa（EIA-D20）。然而，AESO 的引入在提高 EIA 固化物的断裂伸长率的同时，降低了其弯曲模量。以上结果说明，由于衣康酸基环氧中双键的存在，可以通过引入不同结构的共聚单体对其性能进行调节，从而体现了生物基单体结构具有多样性，易于进行各种改性和修饰的优点。

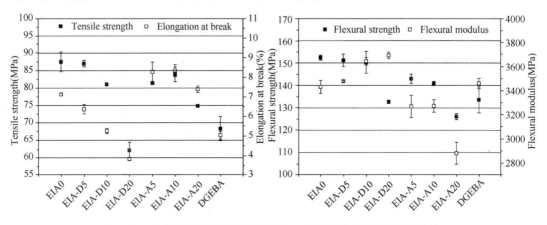

图 3-13　衣康酸基环氧固化物和双酚 A 环氧固化物的力学性能对比

环氧值和黏度是影响环氧树脂综合性能的两个重要因素。一般来讲，在相同固化剂下，环氧树脂的环氧值越高，最后得到的固化物交联密度越大，热学性能和机械强度会越好。考虑到上述衣康酸环氧树脂 EIA 是很多不同低聚体的混合物，同时由于树脂中存在大量羟基，造成其黏度相对较高。我们设想，如果将衣康酸中的双键也氧化为环氧基团，合成一种含有三官能度的环氧树脂单体，它将会表现出更低的黏度和更高的环氧值，其综合性能也会更加优异。为此，我们采用如图 3-14 所示的合成路线，设计合成了三官能度的衣康酸基环氧树

脂单体（TEIA）。通过盐酸丙酮滴定法测定，TEIA的环氧值高达1.16[15]。

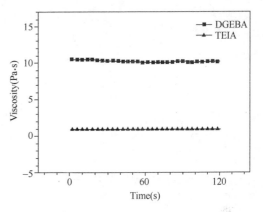

图 3-14　三官能度衣康酸基环氧树脂的合成

环氧树脂的黏度与加工性能紧密相关，因为黏度是影响环氧树脂最终应用的一个重要指标。目前降低环氧树脂黏度的方法主要是两种：（1）合成低黏度的环氧树脂；（2）在传统环氧树脂中加入稀释。稀释剂的加入往往会影响树脂最终的热力学性能。图 3-15 为石油基双酚 A 类环氧树脂 DGEBA 和衣康酸环氧树脂 TEIA 在 25℃等温剪切模式下黏度随时间的变化曲线，从图中可以看出，TEIA 的黏度（0.92 Pa·s）要远低于 DGEBA 的黏度（10.2 Pa·s），这为 TEIA 优异的加工性能提供了基础。

图 3-15　TEIA 与 DGEBA 等温黏度对比

为了系统对比研究 TEIA 固化后的综合性能，我们分别采用聚醚胺 D230 和甲基六氢苯酐 MHHPA 对环氧树脂 TEIA 和 DGEBA 进行了固化。图 3-16 为固化体系黏弹性能（储能模量 G'，损耗模量 G'' 和复数黏度 η）随温度变化的曲线。从图 3-16（a）可以看出，TEIA/D230 和 TEIA/MHHPA 体系在 25℃时的 η（分别为 0.016Pa·s 和 0.164Pa·s）要远低于 DGEBA/D230 and DGEBA /MHHPA 体系的 η（分别为 0.53Pa·s 和 1.95Pa·s），这与 TEIA 相对 DGEBA 具有较低的黏度一致。从图3-16（b）可以看出 TEIA/D230 和 TEIA/MHHPA 体系的凝胶化温度（由 G' 和 G'' 曲线的交叉点得到）要低于 DGEBA/D230 and DGEBA /MHHPA 体系，说明相对 DGEBA 体系，TEIA 体系的固化过程在较低的温度下或较短的时间内就能完成。由此可见，TEIA 在某些

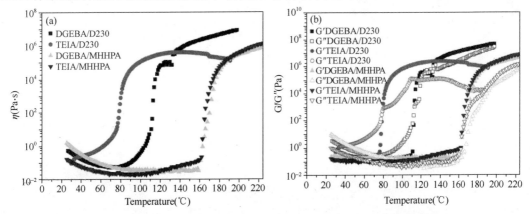

图3-16　复数黏度（η）、储能模量（G'）、损耗模量（G''）随温度变化曲线

（a）复数黏度随温度变化曲线；（b）储能模量、损耗模量随温度变化曲线

领域具有较好的加工性能。

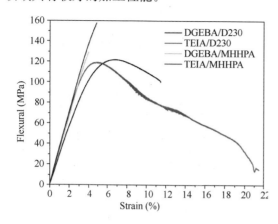

图 3-17 不同固化体系弯曲应力-应变曲线

不同固化体系的弯曲应力-应变曲线如图 3-17 所示。可以看出，DGEBA/D230 和 TEIA/D230 的弯曲应力刚开始与应变是直线关系，应力屈服后达到最大值，随后弯曲应力进一步下降直到断裂，表现出一定的韧性断裂特征。而 DGEBA/MHHPA 和 TEIA/MHHPA 的弯曲应力随应变几乎是直线上升而没有屈服，表现出一种脆性断裂的特征。TEIA/D230 的弯曲模量和断裂应变（分别为 3600MPa 和 20.9％）比 DGEBA/D230 的弯曲模量和断裂应变（分别为 2950MPa 和 12.8％）高，而两者的最大弯曲强度接近。

用相对刚性的固化剂 MHHPA 固化时，TEIA/MHHPA 的弯曲强度、模量和断裂应变（分别为 157.2MPa，3640MPa 和 5.0％）都要比 DGEBA/MHHPA（分别为 131.6MP，3390MPa 和 4.5％）高。上述结果表明 TEIA 固化物的热力学性能可以与 DGEBA 媲美，且可以通过选择不同的固化剂进行性能调节。

DOPO（9,10-二氢-9-氧杂-10-磷杂菲-10-氧化物）作为一种低毒的磷系阻燃剂已广泛应用于环氧树脂的阻燃。然而，将 DOPO 直接加入到环氧树脂体系中，在固化过程中它会消耗部分环氧基团，导致固化物的交联密度下降从而严重影响固化物的 T_g。考虑到衣康酸的结构特点，我们采用图 3-18 中两种不同的技术路线将 DOPO 引入到了衣康酸环氧结构中，

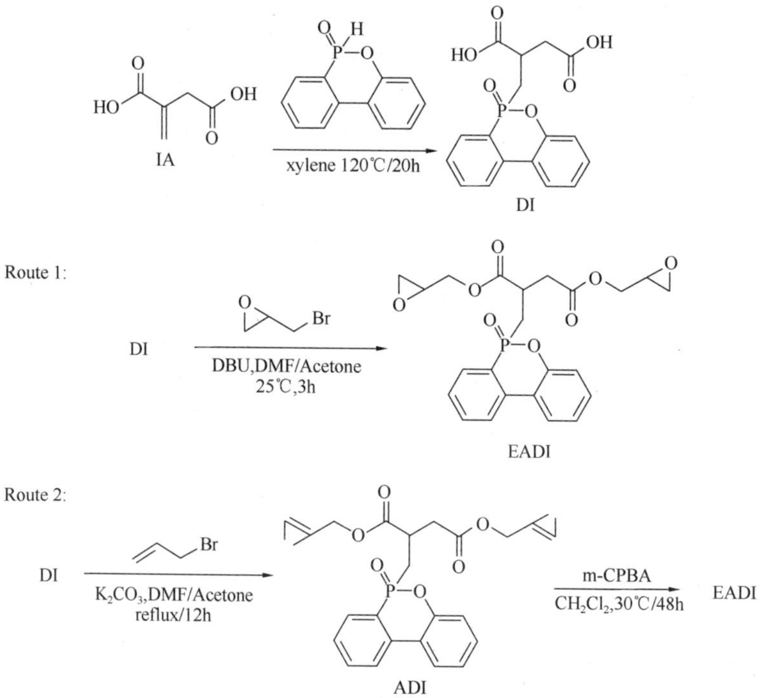

图 3-18 含磷衣康酸基环氧树脂的合成

得到了含磷元素的衣康酸基环氧树脂（EADI）[16]。

表 3-4 中列出了 EADI 作为活性阻燃剂加入双酚 A 环氧树脂 DGEBA 中或单独作为基体树脂固化时，固化物阻燃性能随磷元素含量变化的情况。图 3-19 所示为不同固化体系垂直燃烧试验照片。可以看出，DGEBA-P0 点燃后不能自熄直到烧完为止。当磷元素含量超过 0.5% 后，树脂表现出自熄行为，且随着磷元素含量的增加，自熄时间（$t_1 + t_2$）不断缩短。其中，EADI-P4.4 的自熄灭时间（$t_1 + t_2$）小于 3s，且没有滴落，达到了工业上认为阻燃的 UL94 V-0 级别。以上结果说明 EADI 可以作为一种潜在的活性环氧树脂阻燃剂使用。

表 3-4　不同固化体系阻燃性能随磷元素含量变化

样品	磷含量（%）	DGEBA/EADI/MHHPA 质量比	第一次点燃自熄（s）	第二次点燃自熄（s）
DGEBA-P0	0	100/0/67.6	不自熄	—
D/E-P0.5	0.5	87.7/12.3/66.1	99	4
D/E-P1.0	1.0	75.6/24.4/64.5	81	4
D/E-P2.0	2.0	52.2/47.8/61.6	27	36
EADI-P4.4	4.4	0/100/55.04	≤1	2

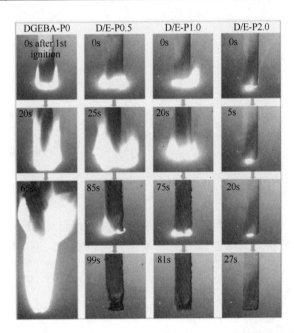

图 3-19　EADI 改性 DGEBA/MHHPA 体系的垂直燃烧实验照片

3.4　基于植物油的不饱和聚酯

随着国际社会对资源和环境问题的日益重视，植物油及其衍生物已经被作为一种重要化工原料广泛应用于高分子的合成。然而，由于天然的甘油脂肪酸中柔性脂肪链段较长，双键密度小，造成所制备材料本身的玻璃化转变温度较低；力学强度不高，难以满足实际应用需求。为提高其热学、力学性能，现有植物油基高分子材料中往往需要加入石油基刚性环状共聚单体，如苯乙烯、二乙烯基苯等挥发性有机小分子（VOCs），且其加入量往往会超过50%，这与植物油基树脂的环保性和可再生性相违背。当前，对植物油基树脂的改性应该综合考虑以下四个方面的问题：（1）提高植物油基树脂的热学、力学性能；（2）提高其生物基含量，即减少石油基共聚单体的用量；（3）减少共聚单体与植物油衍生物聚合活性的差别；（4）降低共聚物的黏度。

松香酸中的刚性氢菲环结构已被证实具有提高热固性树脂热力学性能的潜力。我们以松香酸为原料合成了如图 3-20 所示的二官能度松香基双键单体（R2）和三官能度松香基双键单体（R3）。在此基础上，以 R2 和 R3 作为生物基刚性单体与已商业化的环氧化大豆油丙烯酸酯（AESO）进行自由基共聚，制备得到全生物基不饱和聚酯固化物。作为对比，使用石油基单体二乙烯基苯（DVB），也按相同的双键摩尔比与 AESO 进行了共聚，制得部分生物基不饱和聚酯固化物。对比研究了 R2、R3 和 DVB 在增强 AESO 时的性能差异[17]。

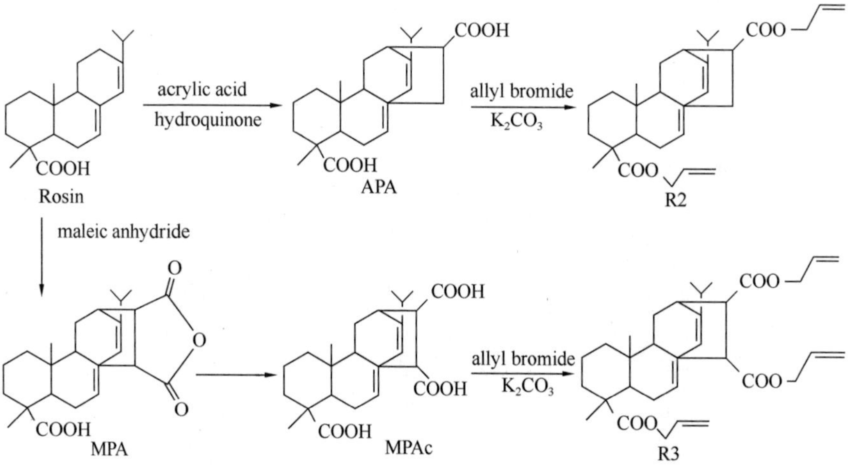

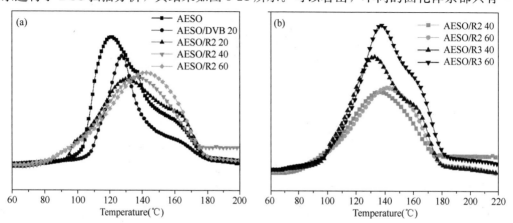

图 3-20　二官能度松香基单体（R2）与三官能度松香基单体（R3）的合成路线

为研究 DVB、R2 和 R3 与 AESO 的共聚反应活性，我们对 AESO-DVB／R2／R3 共聚体系进行了 DSC 扫描分析，其结果如图 3-21 所示。可以看出，不同的固化体系都只有一个

图 3-21　AESO-DVB／R2／R3 共聚体系固化的 DSC 曲线

单独的放热峰，它们分别对应于 AESO/DVB/R2/R3 中双键自由基聚合过程中的放热行为。我们知道，在相同条件下，DSC 放热曲线的峰值温度一定程度上可以反映聚合反应的活性高低，峰值温度越低，则聚合单体的反应活性越高。可以看出，在过氧化苯甲酸叔丁酯（TPBT）催化的自由基聚合反应中，AESO 中的双键（其聚合放热峰的温度约为 121℃）比 DVB、R2 和 R3 单体中的双键反应活性更高，而 R2 和 R3 具有相近的聚合活性。这与它们的化学结构分析结果一致，一般来讲，相对于与酯键相连的末端双键而言，丙烯酸双键会具有更高的聚合活性。

图 3-22 为 AESO、AESO/DVB 20、AESO/R2（20，40，60）、AESO/R3（40，60）系列固化树脂的应力-应变曲线。可以看出，它们在应力应变过程中均未出现屈服行为，表现出热固性树脂的特点。不同的刚性共聚单体参与共聚后均对 AESO 有增强作用，且随着共聚单体含量的增加，其增强效果也越好。当 R3 的摩尔含量达到 60％时，AESO/R3 60 固化体系的拉伸强度为 10.4 MPa，杨氏模量为 289.9 MPa，相对于单纯的 AESO 固化体系分别

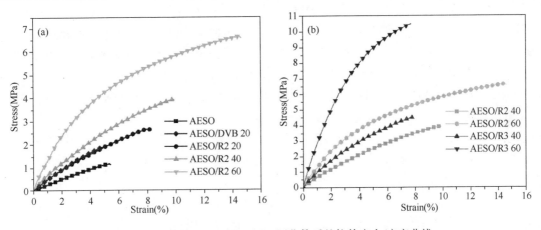

图 3-22　AESO-DVB／R2／R3 固化体系的拉伸应力-应变曲线

提高了 845.4％和 1015％，效果十分显著。由图 3-22（a）可知，随着 R2 加入量的不断增加，固化物的断裂伸长率从 7.8％提高到 13.9％，拉伸强度也从 2.6MPa 增加到 6.6MPa。一般来讲，当高分子材料中含有更多刚性单元时，通常表现出更高的脆性和硬度。然而在 AESO/R2 体系中，随着 R2 单体含量的增加，固化物的模量、强度和断裂伸长率都表现出增加的趋势。另外，AESO/R2/R3 固化物的溶剂抽提结果表明，AESO/R2 和 AESO/R3 固化体系中，均含有超过 12％的可溶物。因此，我们可以认为由于 R2，R3 与 AESO 中双键反应活性的差异，造成 AESO/R2 和 AESO/R3 固化体系中存在大量未参与聚合反应的单体或低聚物，它们在一定程度上起到了塑化剂的作用，从而最终影响到它们的热力学性能。

为了解决上述共聚单体中双键与 AESO 存在聚合活性差异的问题，我们又将丙烯酸结构引入了松香酸中，合成了如图 3-23 所示含有丙烯酸结构的松香基共聚单体，并与 AESO 在相同条件下

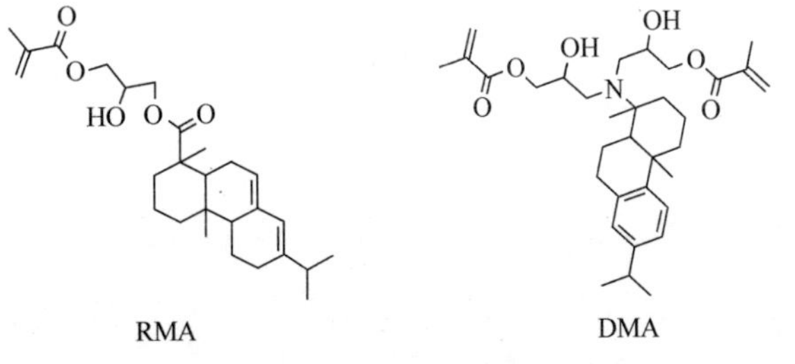

RMA　　　　　　　　DMA

图 3-23　含有丙烯酸结构松香基单体结构式

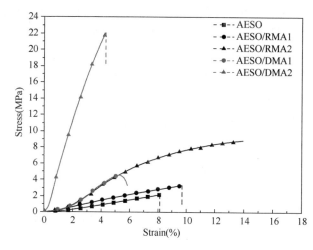

图 3-24   AESO / RMA /DMA 固化
体系的拉伸应力-应变曲线

进行了共聚。

图 3-24 为不同固化体系 AESO、AESO/RMA 和 AESO/DMA 的拉伸应力-应变曲线。可以看出，RMA 和 DMA 共聚单元的加入对 AESO 体系有很明显的增强效果，而且随着共聚单元含量的增加，其拉伸强度和模量都会不断增加。对于 DMA 摩尔含量为 45％的 AESO/DMA2 体系，其拉伸强度和模量分别达到了 22.4MPa 和 663MPa，相对于单纯的 AESO 固化体系分别提高 15 倍和 20 倍。对比上述 AESO/R2 和 AESO/R3 体系，RMA 和 DMA 在相同摩尔含量下表现出了更好的增强效果。而且其溶剂抽提结果也表明，AESO/RMA 和 AESO/DMA 固化体系中，可溶物含量均小于 7％，远远低于 AESO/R2 和 AESO/R3 固化体系。由此我们可以认为，除了共聚单体的化学结构以外，其反应活性也会严重影响其对 AESO 的增强效果。

我们知道，聚合单体的化学结构和聚合物的交联密度是影响其最终性能的两个重要因素。除了采用环状刚性单体对 AESO 进行共聚增强以外，提高其固化物的交联密度也是增加其热力学性能的常用方法之一。衣康酸中含有可聚合的双键，为此我们采用衣康酸和不同的二元醇进行缩聚反应，制备得到了含有不同双键密度的生物基聚酯低聚物，如图 3-25 所示[18]。由于缩聚反应可以在没有溶剂的条件下直接高温（160℃）脱水完成，而且该反应以可再生的化合物为原料，完全符合"绿色化学"的基本理念。

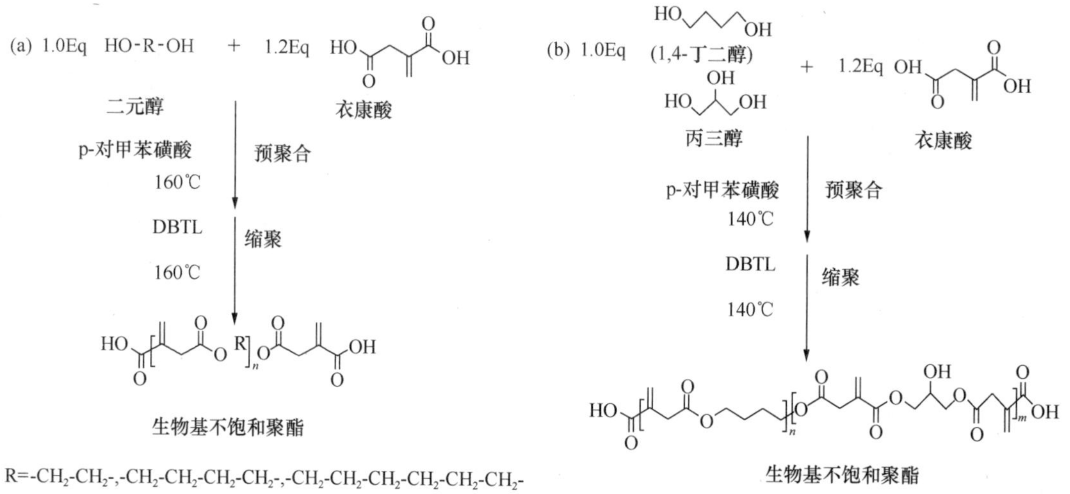

(a) 1.0Eq HO-R-OH   +   1.2Eq HOOC—C(=CH₂)—CH₂—COOH

二元醇   衣康酸

p-对甲苯磺酸   预聚合

160℃

DBTL   缩聚

160℃

生物基不饱和聚酯

R=-CH₂-CH₂,-CH₂-CH₂-CH₂-CH₂-,-CH₂-CH₂-CH₂-CH₂-CH₂-CH₂-

(b) 1.0Eq HO-CH₂-CH₂-CH₂-CH₂-OH
(1,4-丁二醇)

丙三醇   衣康酸

+   1.2Eq OH COOH

p-对甲苯磺酸   预聚合

140℃

DBTL   缩聚

140℃

生物基不饱和聚酯

图 3-25   基于衣康酸的聚酯低聚物合成

生物基成分的含量是表征生物基材料的一个重要指标。目前国际上通常采用美国农业部（USDA）的定义来计算生物基材料中的生物基成分，即生物基材料中生物碳的质量占材料中所有有机碳的百分含量[19]。表 3-5 中列出了 AESO 和衣康酸聚酯按照不同比例混合后，混合体系的生物基成分含量和固化后的凝胶含量。其中乙二醇、丁二醇、丙三醇、衣康酸中的生物基成分均按 100％计算，AESO 中丙烯酸酯部分的有机碳均为石油基碳[20]。可以看出，随着衣康酸基聚酯的加入，固化体系的生物基成分是不断增加的，都可以达到 80％以上。同时，共聚酯的加入也提高了固化物的凝胶含量，可以预测，其固化物的热力学性能也会有所提高。

表 3-5　不同样品的配比、生物基含量以及固化后的凝胶含量

样品	质量比（％）		生物基含量 （wt％）	凝胶含量 （wt％）	备注 （缩聚用二元醇）
	共聚物	AESO			
AESO	0	100	78.3	92.5	—
AESO-PIE 30	30	70	84.2	96.6	乙二醇
AESO-PIB 30	30	70	84.2	97.2	丁二醇
AESO-PIH 30	30	70	84.2	97.6	己二醇
AESO-PIBG 10	10	90	80.3	96.8	90％丁二醇+10％丙三醇
AESO-PIBG 20	20	80	82.3	96.9	90％丁二醇+10％丙三醇
AESO-PIBG 30	30	70	84.2	97.8	90％丁二醇+10％丙三醇
AESO-PIBG 40	40	60	86.2	97.3	90％丁二醇+10％丙三醇
AESO-PIBG 50	50	50	88.2	97.2	90％丁二醇+10％丙三醇

图 3-26 为 AESO，AESO-PIE/PIB/PIH/PIBG 固化体系的拉伸应力-应变曲线。从图中可以发现 AESO 在与衣康酸基聚酯发生共聚后，共聚物的拉伸强度和模量得到了明显的提高，而其断裂伸长率却有不同程度的降低。这是因为衣康酸基聚酯可以作为交联剂在体系中起到了提高交联密度的作用，由于交联密度的不断提高导致了材料的拉伸强度、模量以及脆性的提高。由图 3-26（a）可知，在 AESO-PIE30/PIB30/PIH30/PIBG30 体系中，AESO-PIBG30 表现出了最高的拉伸强度和模量。图 3-26（b）中 AESO-PIBG 体系的拉伸强度和模量随着 PIBG 含量的增加而不断地提高，当 PIBG 的含量达到 50％时，其固化物的拉伸强度

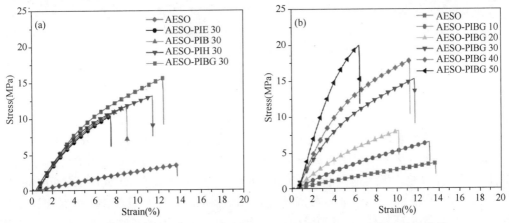

图 3-26　AESO，AESO-PIE/PIB/PIH/PIBG 固化体系的拉伸应力-应变曲线

（16.5MPa）和模量（510MPa），分别达到了单纯 AESO 固化物的 8 倍和 15 倍以上。

图 3-27 为 AESO-PIE/PIB/PIH/PIBG 固化后的 DMA 曲线，其中图 3-27（a）、（c）是固化物的储能模量与温度关系，图 3-27（b）、（d）是固化物损耗因子 tanδ 与温度的关系。通常情况下，影响聚合物 T_g 的因素主要有聚合单体的结构和聚合物的交联密度。在共聚体系中，衣康酸基聚酯结构的引入使得体系的交联密度和分子间作用力都有了一定的提高，从而会导致固化物 T_g 的提高。在图 3-27（b）中可以看到，固化 AESO 的 T_g 从 32℃提高到了 AESO-PIBG30 的 69℃。同样的，在图 3-27（d）中，随着 PIBG 含量的不断提高，T_g 最高可达到 78℃（AESO-PIB$_{90}$G$_{10}$ 40）。可见，衣康酸共聚酯的加入极大提高了 AESO 固化物的热学和力学性能。

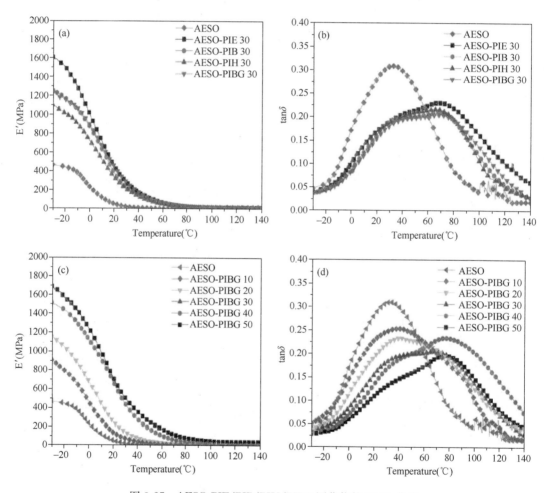

图 3-27　AESO-PIE/PIB/PIH/PIBG 固化物的 DMA 曲线

热固性树脂涂料在家具、家电以及包装行业有着广泛的应用，具有十分良好的工业应用前景。基于大豆油的热固性树脂在涂料工业已被大量使用，但 AESO 固化物的附着力、耐溶剂性和硬度比较差，极大地限制了其使用范围。表 3-6 列出了 AESO、AESO-PIE/PIB/PIH/PIBG 固化体系的涂料性能。可以看出，AESO-PIE/PIB/PIH/PIBG 体系无论是在马口铁基材上，还是玻璃基材上，其附着力均达到了附着力标准的最高级别 5B。其原因可能是衣康酸基聚酯的引入提供了大量的极性基团，尤其是 PIBG 的加入，使整个体系具有更多的羟基和羧基，这些极性基团大大地提高了体系内部的分子间作用力以及固化物与基材之间的附着力。铅笔硬度也是评价涂层综合性能好坏的一个重要指标。一般来讲，涂层的铅笔硬度主要是由两个因素来决定的，一个是聚合物的交联度，另一个是聚合物的分子结构。在 AESO-PIE/PIB/PIH 30 体系中，涂层的铅笔硬度随着聚酯中二元醇脂肪链长度的增加而降低，其原因主要是固化体系内分子的刚性和分子间作用力随着二元醇脂肪链长度的增加而降低。同样的，耐溶剂性也是涂料应用的关键因素之一。在耐乙醇溶剂的测试中，所有的 AESO-聚酯体系在经过 250 次的循环擦拭后，表面均未发生明显变化。而在耐丁酮溶剂的测试中，除了 AESO-PIBG10 在经过 110 次的循环擦拭后发生了明显的涂层破损现象，其他固化体系在经过 250 次的循环擦拭后，表面均未发生明显变化。可见，经过衣康酸聚酯改性后的 AESO 在热固性树脂涂料领域具有较好的应用前景。

表 3-6　AESO, AESO-PIE/PIB/PIH/PIBG 固化体系的涂料性能

样品	铅笔硬度	柔韧性	附着力		耐丁酮溶剂	耐乙醇溶剂
			马口铁	玻璃板		
AESO	—	—	—	—	—	—
AESO-PIE 30	2H	0T	5B	5B	>250	>250
AESO-PIB 30	2H	0T	5B	5B	>250	>250
AESO-PIH 30	H	0T	4B	5B	>250	>250
AESO-PIBG 10	5B	0T	5B	5B	110	>250
AESO-PIBG 20	HB	0T	5B	5B	>250	>250
AESO-PIBG 30	5B	0T	5B	5B	>250	>250
AESO-PIBG 40	2H	0T	5B	5B	>250	>250
AESO-PIBG 50	2H	0T	5B	5B	>250	>250

在 AESO 中加入苯乙烯后，苯乙烯除了作为共聚单体提高共聚物的热学、力学性能以外，还可以起到稀释剂的作用。因此，AESO 共聚单体的黏度大小也是影响其最终使用性能的关键因素之一。我们以丁香酚为原料，采用如图 3-28 所示的点击反应和环氧开环反应，制备得到了含有丙烯酸结构共聚单体 EM2G 和 EM3G[21]。

图 3-29 为 AESO、EM2G 和 EM3G 的黏度在 30℃时随温度变化的曲线。很明显，EM2G 和 EM3G 在 30℃时的黏度都低于 AESO，尤其是 EM2G 在 30℃时的黏度只有 0.7Pa·s，是相同温度下 AESO 的二十分之一，完全具备了既可以作为增强共聚单体，又可以同时作为稀释剂的潜力。

表 3-7 列出了 EM2G 和 EM3G 增强 AESO 后，不同固化体系的热力学性能。可以看出 EM2G 和 EM3G 的加入可以极大地增加 AESO 固化物的拉伸强度和拉伸模量，而且在相同含量下，EM3G 的增强效果要优于 EM2G。这主要是由于 EM2G 和 EM3G 中含有丙烯酸双键，在固化过程中可以充当交联点，从而提高了固化物的交联密度。相对于 EM2G 而言，EM3G 显然含有更多的活性官能团，其固化物的交联密度会更高。当 EM3G 的含量达到 50％时，AESO-EM3G50 体系的拉伸强度和拉伸模量相对于 AESO 都提高了 10 倍以上。由此可见，基于丁香酚的活性单体 EM2G 和 EM3G 可以作为一种高效的 AESO 增强共聚单体，用于制备高性能的生物基不饱和聚酯。

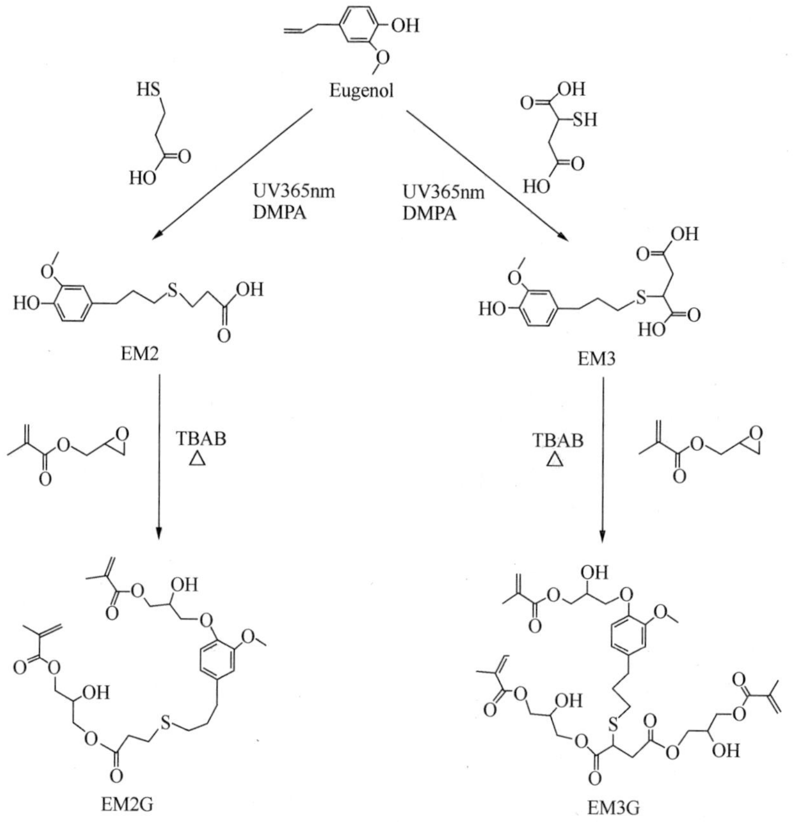

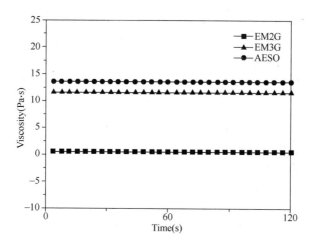

图 3-28　基于丁香酚的共聚单体 EM2G 和 EM3G 的合成路线

图 3-29　30℃时 AESO、EM2G 和 EM3G 黏度对比

表 3-7　不同固化体系的力学性能

样品	拉伸强度 （MPa）	拉伸模量 （MPa）	断裂伸长率 （％）
AESO	1.6±0.2	22.1±0.9	6.8±0.3

样品	拉伸强度 （MPa）	拉伸模量 （MPa）	断裂伸长率 （%）
AESO-EM2G10	3.4±0.1	36.7±0.7	9.4±0.2
AESO-EM2G30	6.3±0.4	92.5±5.0	9.9±0.4
AESO-EM2G50	11±0.5	261.8±8.9	8.1±1.3
AESO-EM3G10	4.0±0.9	49.9±4.3	13±1.2
AESO-EM3G30	6.9±0.6	145.1±3.1	9.6±0.7
AESO-EM3G50	17±1.2	393.9±12.8	8.9±1.4

3.5　小　　结

本章中介绍了利用松香酸、衣康酸、丁香酚、植物油等可再生资源为原料，设计合成了一系列性能优异的生物基热固性树脂，其综合性能可与同类石油基产品相媲美，部分产品已经开始应用示范，为解决生物基热固性树脂热力学性能差，难以满足实际应用需求的问题提供了一些新的途径。生物基热固性树脂作为生物基材料的一个重要分支，已经受到了越来越多的重视，除了当前主要集中于它的高性能化研究以外，如何发展一些功能化的生物基热固性树脂，如阻燃、耐紫外、形状记忆或光固化等，将是今后研究的重点。同时，与生物基热塑性材料一样，如何从当前注重于生物基平台化物的选择过渡到平台化合物的合成也是制约其长远发展的一个瓶颈问题。我们相信，生物基热固性高分子材料的快速发展和广泛应用也将指日可待。

参考文献

[1]　沈菊华，Degussa/Uhde 开发的 HPPO 工艺将首次工业化[J]. 金山油化纤. 2006. 03：23-25

[2]　WWW. accessmylibrary. com/ article-1G1-173923478.

[3]　Http：// www. icis. com/Articles/2007/07/19/9046290.

[4]　Coppen JW，Hone GA，Gum naval store：turpentine and rosin from pine resin，food and Agriculture Organization of the United Nations[R]. 1995：ch. 1.

[5]　Liu XQ，Xin WB，Zhang JW. Rosin-based acid anhydrides as alternatives to petrochemical curing agents[J]. Green Chem，2009：1018-1025.

[6]　Wang HH，Liu XQ，Liu B，Zhang JW，Xian M. Synthesis of rosin-based flexible anhydride-type curing agents and properties of the cured epoxy[J]. Polym. Int，2009，58：1435-1441.

[7]　Liu XQ，Xin WB，Zhang JW. Rosin-derived imide-diacids as epoxy curing agents for enhanced performance[J]. Bioresource Technology，2010，101：2520-2524.

[8]　Sukumar M，Sabyasachi SR，Achintya KK. Rosin：A Renewable resource for polymers and polymer chemicals[J]. Prog. Polym. Sci. ，1989，14：297-338.

[9]　Liu XQ，Zhang JW. High-performance biobased epoxy derived from rosin[J]. Polym. Int，2010，59：607-609.

[10]　Liu XQ，Huang W，Jiang YH，Zhu J，Zhang CZ. Preparation of a bio-based epoxy with comparable properties to those of petroleum-based counterparts[J]. Express Polym Lett，2012，4：293-298.

［11］ 孔振武，王定选. 马来海松酸环氧树脂的结构与性能表征［J］. 林产化学与工业，1994，14：31-35.

［12］ Li C，Liu XQ，Zhu J，Zhang CZ，Guo JS. Synthesis，Characterization of a Rosin-based Epoxy Monomer and its Comparison with a Petroleum-based Counterpart［J］. J Macro. Sci. Part A：Pure and Appl. Chem，2013，50：321-329.

［13］ Werpy T，Petersen G，Top Value Added Chemicals from Biomass. Volume I-Results of Screening for Potential Candidates from Sugars and Synthesis Gas，NRE Laboratory Report DOE/GO-102004-1992，USDE，2004.

［14］ Ma SQ，Liu XQ，Jiang YH，Tang ZB，Zhu J. Bio-based epoxy resin from itaconic acid and its thermosets cured with anhydride and comonomers［J］. Green Chem，2013，15：245-254.

［15］ Ma SQ，Liu XQ，Fan LB，Jiang YH，Cao LJ. Synthesis and Properties of a Bio-Based Epoxy Resin with High Epoxy Value and Low Viscosity［J］. ChemSusChem，2014，7：555-562.

［16］ Ma SQ，Liu XQ，Jiang YH，Fan LB，Zhu J. Synthesis and properties of phosphorus-containing bio-based epoxy resin from itaconic acid［J］. Sci China Chem 2014，57：379-388.

［17］ Ma SQ，Liu XQ，Zhang RY，Zhu J. Synthesis and properties of full bio-based thermosetting resins from rosin acid and soybean oil：the role of rosin acid derivatives［J］. Green Chem，2013，15：1300-1310.

［18］ Dai JY，Ma SQ，Wu YG，Han LJ，Zhang LS，Zhu J. Polyesters derived from itaconic acid for the properties and bio-based content enhancement of soybean oil-based thermosets［J］. Green Chem，2015，17：2383-2392.

［19］ Kunioka M，Taguchi K，Ninomiya F，Nakajima M，Saito A，Araki S. Biobased Contents of Natural Rubber Model Compound and Its Separated Constituents［J］. Polymers，2014，6，423-442.

［20］ Buntara T，Noel S，Phua PH，Melian CI，Heeres HJ. From 5-Hydroxymethylfurfural（HMF）to Polymer Precursors：Catalyst Screening Studies on the Conversion of 1，2，6-hexanetriol to 1，6-hexanediol［J］. Top. Catal，2012，55，612.

［21］ Dai JY，Jiang YH，Liu XQ，Wang JG，Zhu J. Synthesis of eugenol-based multifunctional monomers via a thiol-ene reaction and preparation of UV curable resins together with soybean oil derivatives［J］. RSC Adv.，2016，6：17857-17866.

4 植物纤维及其增强复合材料

4.1 引　　言

纤维增强复合材料以其优异的可设计性、低密度、高比强度、高比模量、耐疲劳、耐腐蚀以及良好的阻尼减震性能，近几十年在航空、航天、汽车和建筑等领域得到了广泛的应用[1]。目前在航空结构件中，以碳纤维、玻璃纤维和芳纶纤维为代表的高性能纤维增强复合材料的用量大幅度提升，空客 A350 和波音 787 机型中复合材料的用量分别达到 52％和 50％[2]。然而随着复合材料大规模的应用，难以回收和降解的复合材料废弃物带来了日益严重的环境问题[3]。同时传统高性能纤维材料不仅造价高，在生产过程中需要消耗大量能量[4-5]（碳纤维需要在高温下碳化制得、玻璃纤维需要在高温下拉丝制得），并且加工成型过程中产生的短纤维会对工人的皮肤以及呼吸系统造成危害。随着世界范围内的能源及资源危机的不断加剧和人们环保意识的不断增强，开发一种环境友好、可持续发展的复合材料来部分替代上述人工合成材料已成为一项非常迫切的任务[6]。

相比传统合成纤维，以植物纤维为代表的天然纤维，不仅来源丰富、价格低廉、生产过程能耗低、可再生、可生物降解，且具有可比拟玻璃纤维的比强度和比模量，以及良好的吸声[7]、隔热[8]和阻尼性能[9]。以植物纤维为增强体制备的绿色复合材料引起了学术界和工业界的普遍关注，近年来植物纤维增强复合材料也已被初步应用于航空、汽车、建筑和运输等领域[10,11]。

图 4-1　常见植物纤维植株
(a) 亚麻；(b) 苎麻；(c) 剑麻；(d) 黄麻

植物纤维属于天然纤维的一种，是目前应用最为广泛的天然纤维。根据提取部位的不同，植物纤维主要分为种子纤维（seed fibers）、韧皮纤维（bast fibers）、叶纤维（leaf fibers）和木纤维（wood fibers）。种子纤维包括棉花、木棉和椰壳纤维等；韧皮纤维包括亚麻、大麻、黄麻、苎麻和红麻纤维等；叶纤维包括剑麻、蕉麻和菠萝纤维等。常见的植物纤维植株如图 4-1 所示。

4.2 植物纤维的化学组成与微观结构

植物纤维主要由纤维素、木质素、半纤维素、果胶、蜡质及矿物质等组成[12]，其中纤维素是植物纤维中最重要的组分。

纤维素是 D-葡萄糖以 β-1,4 糖苷键组成的大分子多糖，其化学式为 $(C_6H_{10}O_5)_n$，聚合度在 10000 左右[13]。纤维素是由碳、氢、氧三种元素组成多个重复单元，其中含碳量为 44.44%，含氢量为 6.17%，含氧量为 49.39%。每个重复单元含有 3 个羟基基团，这也使得植物纤维具有强烈的亲水性[14, 15]。纤维素按照聚集态结构的不同分为分子排列比较规整的结晶区，以及分子链排列不整齐，较松弛，但其取向大致与纤维轴平行的无定形区。根据结晶区中结晶变体的不同，定义出 5 种纤维素类型，即天然纤维（纤维素Ⅰ）、人造纤维素Ⅰ、Ⅲ、Ⅳ和纤维素 X。在一定条件下，不同的纤维素之间可以相互转化。这 5 种晶型均可由 X-射线衍射研究辨认。

半纤维素[16-19]是植物细胞壁的主要成分之一，将植物细胞壁中的纤维素和木质素紧密地相互贯穿在一起。与纤维素不同，半纤维素不是均一聚糖，而是一群复合聚糖的总称。构成半纤维素的糖类主要可以分为两大类：一类为五碳糖的多聚戊糖，分子式为 $(C_5H_{10}O_5)_n$，另一类为六聚糖的多聚己糖，分子式为 $(C_6H_{12}O_6)_n$，聚合度在 100~200 之间的小分子聚合物。半纤维素容易被无机酸水解，也能在低浓度的稀热碱液中溶解和氧化剂氧化。

木质素[16-19]也是植物细胞壁的主要成分之一，起着支撑作用，粘结纤维素，使其具有承受机械作用的能力。木质素是一种具有芳香特性的三维空间网状结构的高分子化合物，其相对分子量为 400~5000。目前对木质素的结构还没有统一的定义。所有木质素都具有苯基丙烷的基本结构骨架 C_6-C_3 结构。

果胶[16-19]是一类多糖的总称，存在于植物细胞壁和细胞内层，为内部细胞的支撑粘结物质。果胶质的主要成分是高聚半乳糖醛酸的甲基酯，相对分子量为 20000~40000。果胶在稀碱、稀酸中处理即被水解，果胶大分子断裂，因此比较容易去除。蜡质[17]主要分布在植物纤维的表层，主要成分为饱和烃族化合物及其衍生物、高级脂肪酸、类醛类等物质。表 4-1 列举了不同种类植物纤维的化学成分对比。

表 4-1　不同种类植物纤维化学组成[12, 20, 21]

植物纤维	纤维素（%）	半纤维素（%）	木质素（%）	果胶（%）	蜡质（%）
苎麻	68.6~76.2	13.1~16.7	0.6~0.7	1.9	0.3
亚麻	71	18.6~20.6	2.2	2.3	1.7
大麻	70.2~74.4	17.9~22.4	3.7~5.7	0.9	0.8
剑麻	67~78	10~14.2	8~11	10	2
黄麻	61~71.5	13.6~20.4	12~13	0.4	0.5
竹纤维	26~43	30	21~31	—	—
红麻	31~39	15~19	21.5		

植物纤维具有复杂的多尺度多层次微观结构。相比人造纤维统一均匀的结构，植物纤维细胞结构由初生壁（primary wall）、次生壁（secondary wall）以及中空空腔（lumen）组

成[22]。初生壁是由原生质体在细胞生长过程中分泌形成，主要成分为果胶、低结晶度的纤维素和半纤维素木葡聚糖[23,24]。次生壁是在细胞停止生长后，由原生质体代谢长成的细胞壁物质沉积在细胞壁内层形成的，占据细胞壁厚度的绝大部分。次生壁是由螺旋状排列的纤维素微纤丝增强木质素和半纤维素构成[22,25]，通常分为次生壁内层（S_3）、中层（S_2）、外层（S_1），如图 4-2 所示，其中每一层的相对厚度、微纤丝的螺旋角（microfibril angle，MFA）均不相同[25-28]。S_2 层相对厚度最大，占 70%，其 MFA 一般在 20°以内[20,29]。

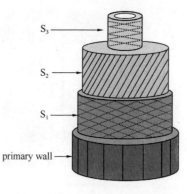

图 4-2　植物纤维细胞壁结构示意图

图 4-3 为苎麻、红麻、黄麻和剑麻四种植物纤维的横截面微观照片。可以看出，植物纤维的截面形状不规则。每一根植物纤维单纤维都是由一束细胞纤维组成，除苎麻纤维外，其单纤维由一根细胞纤维组成。为进一步观察植物纤维的微观结构，采用扫描电子显微镜对苎麻和剑麻的微观结构进行观察。图 4-4 和图 4-5 分别为苎麻和剑麻纤维的微观结构。由图 4-4（a）可以看出，苎麻纤维是由一根细胞纤维组成的。由图 4-4（b）可以看出，苎麻纤维的细胞壁是由大量的、尺寸在 $0.05 \sim 0.1 \mu m$ 之间的微纤丝组成；与苎麻纤维不同的是，剑麻纤维本身就是一种复合材料，由剑麻细胞纤维增强在果胶基体中。在高倍显微镜下，仍然可以观察到微纤丝（箭头所指），如图 4-5（b）所示。根据上述的观察结果可知，植物纤维具有多尺度结构：植物纤维单纤维由一束细胞纤维组成，而细胞纤维的细胞壁是由螺旋状的纤维素微纤丝增强在半纤维素和木质素基体中组成的，如图 4-6 所示。

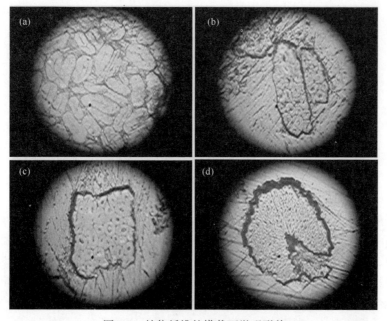

图 4-3　植物纤维的横截面微观形貌

（a）苎麻；（b）红麻；（c）黄麻；（d）剑麻

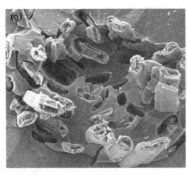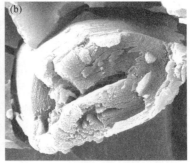

图 4-4　不同放大倍数下苎麻纤维的微观电镜照片

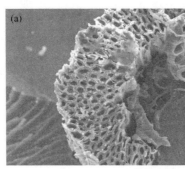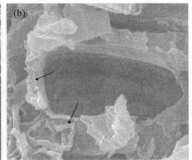

图 4-5　不同放大倍数下剑麻纤维的微观电镜照片

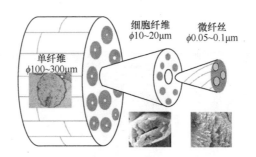

图 4-6　植物纤维多尺度结构模型

4.3　植物纤维的力学性能和失效模式

　　植物纤维的力学性能很大程度上取决于植物纤维的微观结构[30]、提取部位[31]、化学组成[30]、微纤角[32]和细胞尺寸缺陷[33]等变量。Gassan 等[20]通过建立植物纤维微观结构模型，研究了微纤角、纤维素含量以及纤维横截面几何参数（长短轴比）对纤维力学性能的影响。结果表明：（1）若微纤丝的排列与纤维轴向成一定角度，则植物纤维呈现一定程度的韧性，否则表现为脆性；（2）植物纤维的力学性能很大程度上取决于其中纤维素的含量，纤维素含量越高则植物纤维的力学性能越好。实际上，这些变量通常又会受到植物纤维植株所种植的地域、提取方式、生长的阶段以及收获的季节等因素的影响[34-37]。因此，植物纤维的力学性能具有较大的分散性。表 4-2 列出了几种常见的植物纤维的力学性能，并与玻璃纤维的力学性能做了对比。可以看出，不同种类的植物纤维之间力学性能差异较大，而即便对于同种植物纤维而言其性能也存在较大的分散性。其中，亚麻、大麻、苎麻与剑麻这四种纤维的力学性能相对比较出众，其弹性模量与玻璃纤维处在相近的水平，甚至高于玻璃纤维。考虑到植物纤维的密度明显低于玻璃纤维，因此其比模量相比后者更具优势，而比强度则可与后者相比拟。同时由于植物纤维复杂的多尺度多层次微观结构，使得植物纤维在外部载荷作用下的力学行为和失效模式将会变得非常复杂。Silva 等[38]通过观察剑麻纤维拉伸破坏后的 SEM 微观形貌发现，剑麻纤维在拉伸加载过程中会发生纤维细胞破坏、细胞壁内脱粘和细胞纤维之间脱粘多重失效破坏模式。由于细胞纤维发生脱粘破坏以及次生壁 S_2 层中的微纤丝具有一定微纤角，导致剑麻纤维的拉伸应力-应变曲线呈现出非线性的特点，同时这一植物纤维独有的特点也在其他学者对植物纤维力学行为的研究中进行过报道[39-44]。Baley[45]研究了亚麻单纤维在循环拉伸加载过程中力学行为的变化，发现亚麻纤维的模量随着纤维直径的增加而减小。同时随着加载循环次数的增加，亚麻纤维的模量逐渐上升，这主要是由于 S_2 层中微纤丝微纤角的减小造成的。Placet 等[43]在大麻纤维循环加载过程中同样发现随着加载循环的进行，大麻纤维的模量显著升高。他们认为主要是因为纤维素微纤丝取向角的改变和无定型区域纤维素再结晶使得大麻纤维的拉伸模量提升。

表 4-2　植物纤维的力学性能[34,46-48]

植物纤维	密度（g/cm³）	拉伸强度（MPa）	弹性模量（GPa）	断裂延伸率（%）
苎麻	1.5	400～938	44～128	3.6～3.8
亚麻	1.5	345～1500	10～80	1.4～1.5
大麻	1.48	270～900	20～70	1.6
剑麻	1.45	511～700	3～98	2.0～2.5
黄麻	1.3～1.45	270～900	10～30	1.5～1.8
竹纤维	0.6～1.1	350	22	5.8
红麻	—	427～519	23.1～27.1	2.7
玻璃纤维	2.5	2000～3500	70	2.5

　　Fidelis 等[30]对椰壳、curaua（乌拉草纤维）、黄麻、剑麻和棕榈纤维进行拉伸测试发现，植物纤维的力学性能与纤维的空腔面积、空腔数目、细胞尺寸、细胞数目以及次生壁 S_2 层的厚度都有较大的关系。通过观测不同纤维的微观形貌，发现纤维空腔面积减小及次生壁 S_2 层厚度增加都会提高植物纤维的拉伸强度与模量。同时 Fidelis 等也指出植物纤维的力学性能不仅与纤维形貌有关系，纤维的化学组成也会影响到植物纤维的力学性能。Bos 等[49]发现亚麻纤维细胞的初生壁和次生壁在拉伸破坏过程中展现出了不同的失效模式，其中初生壁主要发生脆性断裂，而次生壁在拉伸过程中微纤丝会发生桥联的现象，断口呈现较为粗糙的形貌。同时 S_2 层沿纤维方向更容易发生劈裂破坏，这也意味着纤维横向拉伸强度低于纤维方向拉伸强度。Dai 等[50]指出大麻纤维在拉伸应力的作用下，初始裂纹将产生于较为薄弱的大麻纤维细胞初生壁。之后随着拉伸加载的继续进行，裂纹沿径向由 S_1 层扩展到

S_2 层，从而导致大麻纤维次生壁的破坏。综上所述，由于植物纤维具有复杂的多层级结构，使得植物纤维在外部载荷作用下的力学行为和失效模式都较为复杂。

4.4 植物纤维力学性能理论计算

根据所提出的植物纤维多尺度结构模型，可在细胞纤维和单纤维两个尺度上计算分析植物纤维的力学性能。

4.4.1 细胞纤维力学性能

计算细胞纤维的弹性性能，可利用 Salmen 提出的层状板模型[51]，如图 4-7 所示。在这个模型中，植物纤维被拍平，并可认为其内表面完全贴合。因此，植物纤维可以被看成是一种由不同螺旋角纤维素微纤丝增强的反对称层状复合材料，并可利用经典层合理论对其弹性性能进行计算。

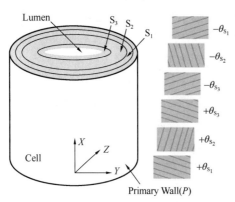

图 4-7　细胞纤维的层状板模型[51]

为计算其弹性性能，需要以下参数，包括纤维和基体的弹性性能（E_{11}，E_{12}，G_{12}，υ_{12}）、纤维体积分数、各层纤维角度以及厚度等。各参数见表 4-3。为便于计算，选定各层的相对厚度分别为 $P=8\%$，$S_1=8\%$，$S_2=76\%$，$S_3=8\%$（因为 S_2 是细胞壁中最厚的一层，约 76%[52]），并认为半纤维素的弹性性能与木质素一致。根据文献 [25] 和 [45]，选定 S_1 和 S_3 的螺旋角为 70°。

由于决定植物纤维性能的纤维素弹性模量在 74～168kN/m² 内，因此计算出的结果也应该是一个范围。对于其他参数，则采用中间值。考虑到植物纤维空腔的存在，计算结果也必须乘以一个与空腔率有关的转换系数，结果见表 4-4。

表 4-3　植物纤维各组分弹性参数[45,53]

化学组成	E_{11}（kN/mm²）	E_{22}（kN/mm²）	G_{12}（kN/mm²）	υ_{12}
纤维素	74～168	27.2	4.4	0.1
半纤维素	8	4	2	0.2
木质素	4	4	1.5	0.33
胶质	1.6	1.6	0.62	0.3

表 4-4　细胞纤维的理论弹性模量

细胞纤维	计算值（GPa）	空腔率（%）	转换系数（%）	转换后计算值（GPa）
苎麻	42.1～91.8	16.7	83.3	35.1～76.4
黄麻	35.6～77.2	24.3	75.7	26.9～68.3
红麻	34.1～73.9	28.6	71.4	24.3～52.8
剑麻	31.7～66.0	39.2	60.8	19.2～40.1

4.4.2 单纤维力学性能

单纤维的微观结构模型如图 4-8 所示。采用 Halpin-Tsai 公式[54] 对其性能进行理论计算。

Halpin-Tsai 公式是考虑了增强体的形状几何参数，对混合定律作出修正的半经验公式。其具体表达形式如下：

$$\frac{M_c}{M_m} = \frac{1 + \xi\eta V_f}{1 - \eta V_f} \qquad (4-1)$$

$$\eta = \frac{\dfrac{M_f}{M_m} - 1}{\dfrac{M_f}{M_m} + \xi} \qquad (4-2)$$

式（4-1）和式（4-2）中，M 和 V 分别为有效模量和纤维体积分数。下标 c，f 和 m 分别代表复合材料、纤维和基体。ξ 参数的确定与纤维的几何形状以及需要确定的模量有关。如果纤维横截面是圆形的，且需要确定的是纵向模量，则：

$$\xi = 2L/D \qquad (4-3)$$

式（4-3）中，L 为纤维的长度，D 为纤维的直径。对于连续型纤维，长径比趋于无穷，Halpin-Tsai 公式退化为混合定律。

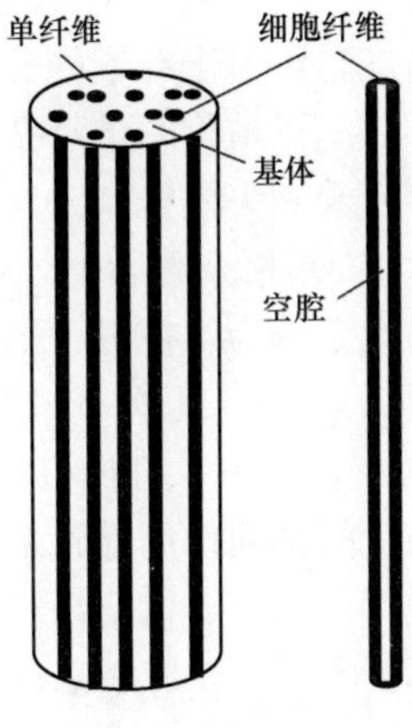

纤维的体积分数可通过采用 Quantlab-MG 软件对光学显微镜照片进行分析确定。可以认为，单纤维为连续纤维增强复合材料。其中，果胶基体的模量可忽略不计。因此，理论计算结果见表 4-5。

图 4-8 单纤维微观结构模型

表 4-5 植物纤维单纤维的理论弹性模量

单纤维	体积分数（%）	理论计算值（GPa）
苎麻	36.4	12.8~27.8
黄麻	80.6	21.7~55.0
红麻	86.2	20.9~45.5
剑麻	45.8	8.79~18.4

4.5 植物纤维增强复合材料的力学性能

表 4-6 为常见植物纤维增强复合材料的拉伸性能。可以发现，植物纤维增强复合材料的力学性能相比传统纤维增强复合材料还有较大的差距。部分学者研究了纤维体积含量对植物纤维增强复合材料拉伸性能的影响[55-61]。Shah 等[55] 研究了纤维体积含量分别对单向亚麻和黄麻纤维增强聚酯复合材料力学性能的影响。发现与传统纤维增强复合材料相似，随着纤维体积含量的增加植物纤维增强复合材料的力学性能逐渐提升。在纤维体积含量较低时，复合材料呈现脆性断裂模式。纤维体积含量提高后，复合材料的断面呈锯齿形，同时有较多纤维拔出的现象。复合材料中孔隙的含量随着纤维体积含量的增加并没有明显变化，但纤维体积较低时孔隙更容易出现于植物纤维纱线内部；纤维体积含量较高时孔隙更容易形成于纱线与

纱线之间。Brahim 等[56]通过复合材料细观力学分析方法建立了纤维方向及纤维体积含量对芦苇草纤维增强聚酯复合材料力学性能影响的理论模型。Pan 等[57]指出当植物纤维复合材料中纤维体积含量较高时，纤维与纤维之间的空隙较小，使得纤维与树脂基体之间的应力传递效率下降，而纤维轴向剪应力的增加导致复合材料提前发生破坏。Yu 等[58]发现纤维体积含量为 30% 时，苎麻短纤维增强聚乳酸复合材料的拉伸性能最优。当纤维体积含量进一步增加时，由于纤维的分散性变差，复合材料的力学性能出现了显著的下降。

　　基于植物纤维复杂的多尺度多层次结构，部分学者也研究了植物纤维增强复合材料的力学行为和失效机制。与植物纤维的力学行为类似，植物纤维增强复合材料在拉伸过程中的应力-应变曲线展现出较为明显的非线性行为[62-65]。主要有三个因素使得复合材料呈现非线性的力学行为：首先，植物纤维中起主要承载作用的细胞壁 S_2 层中纤维素微纤丝具有一定的微纤角[62]；其次，植物纤维在拉伸过程中会发生多层次的破坏模式，如细胞壁内部脱粘[38]；第三，打捻植物纤维纱线中的纤维与复合材料承载方向具有一定的夹角。以上三点因素的共同作用导致植物纤维增强复合材料在拉伸过程中的应力-应变曲线呈现出明显的非线性。同时，植物纤维多重的失效机制使得其增强复合材料在失效过程中呈现出多层次的破坏模式[66-70]。Singleton 等[66]研究了亚麻纤维增强高密度聚乙烯复合材料的 Charpy 冲击性能。试验过程中发现亚麻纤维增强复合材料在冲击过程中会发生纤维滑移、基体开裂、纤维开裂、纤维劈裂、纤维断裂以及纤维拔出等多层次多尺度的失效模式。同时在冲击过程中亚麻纤维细胞的初生壁首先发生脆断，随着裂纹的萌生和扩展，亚麻纤维最终发生劈裂破坏成独立的单元纤维。

表 4-6　常见植物纤维增强复合材料的拉伸性能

纤维	基体	纤维体积含量（%）	拉伸强度（MPa）	拉伸模量（GPa）
苎麻织物[71]	乙烯基树脂	34	82	7.2
黄麻织物[71]	乙烯基树脂	34	56	5.6
黄麻织物[72]	乙烯基树脂	40	40	6
亚麻织物[73]	环氧树脂	36.8	52.73	5.45
大麻织物[74]	聚乳酸	20	68	3.5
大麻织物[75]	环氧树脂	36	113	—
剑麻织物[76]	酚醛树脂	33	25.2	—
大麻正交铺层[77]	聚乳酸	45	65	6.5
亚麻正交铺层[78]	呋喃树脂	53	70	13
苎麻单向[79]	分离大豆蛋白树脂	41.1	180.2	3.42
黄麻单向[80]	聚酯	30	77.1	5.07
剑麻单向[81]	高密度聚乙烯	46	79.3	2.7
剑麻单向[82]	大豆蛋白树脂	58.1	168	2.79
剑麻单向[60]	环氧树脂	46	211	19.7
亚麻单向[83]	聚酯	57.6	304	29.9
亚麻单向[55]	不饱和聚酯	27.3	160	17

纤维	基体	纤维体积含量（%）	拉伸强度（MPa）	拉伸模量（GPa）
亚麻单向[84]	环氧树脂	33.5	153.6	16
亚麻单向[85]	环氧树脂	46	240	15
黄麻单向[55]	不饱和聚酯	31.7	175	16
黄麻单向[86]	环氧树脂	34.9	185.8	15
黄麻单向[87]	环氧树脂	52	216	31
大麻单向[87]	聚对苯二甲酸乙二酯	52	277	27.6
大麻单向[86]	环氧	33.4	195.1	19

Newman 等[67]对新西兰麻纤维增强复合材料进行拉伸试验发现，新西兰麻纤维细胞壁 S_2 层中的微纤丝在拉伸过程中会被拔出，复合材料的拉伸断面呈现出大量新西兰麻纤维细胞纤维之间的脱粘破坏，同时观察到树脂会填充到新西兰麻纤维的中空空腔内部。Romhány 等[68]通过声发射技术探究了亚麻纤维增强复合材料的失效机理。发现复合材料在加载初期，主要以纤维/基体脱粘和亚麻原纤维劈裂破坏为主；随着外部载荷的增加，复合材料中发生纤维拔出和原纤维横向开裂的破坏模式；最后，当外部载荷增加到极限值时，纤维发生断裂，复合材料发生最终的失效破坏。

4.6　植物纤维表面处理

纤维增强复合材料是多相非均匀材料，由纤维、基体和界面构成。其中界面作为纤维与基体之间的过渡相，对材料的物理和力学性能起到关键的作用[14]。纤维素大分子链之间及其内部强烈的氢键作用，使植物纤维表现出较强的极性和亲水性，与疏水性、非极性树脂基体间的相容性差，而复合材料中较弱的界面结合会使得应力传递效率和应力传递的均匀性下降，导致复合材料的力学性能下降[22,88]。为了实现植物纤维增强复合材料的高性能化，就需要设法改善植物纤维与树脂基体间的界面结合。目前，植物纤维增强复合材料界面改性方法较为成熟，最常用的界面改性方法分为物理改性方法和化学改性方法两种。不同的改性方法会对纤维产生不同的处理效果，从而影响到纤维与树脂基体之间的界面粘结性能。

4.6.1　物理方法

物理处理方法改变纤维的结构和表面性能，使纤维的表面变粗糙，增大接触面积和机械咬合力，提高纤维与高分子基体的机械连接，但是没有改变纤维的化学成分。改性纤维的物理方法包括电晕、等离子和紫外辐射等。

4.6.1.1　电晕及紫外辐射处理

电晕处理通过表面氧化作用改变纤维的表面能，从而有效改善纤维与基体的相容性[89]。研究表明，电晕处理的大麻纤维增强的聚丙烯复合材料的拉伸模量提高了 30%[90]。相对短的处理时间更加有利于改进界面粘附性能，长时间处理不但没有进一步改进性能，反而使纤维降解。Gassan 等[89]使用电晕和紫外辐射处理黄麻纤维，对比纤维增强环氧复合材料的性能，发现随着处理能量的增加，纤维的表面自由能的极性成分大幅增加。但是，电晕方法难以处理三维物体。与电晕方法相比，紫外辐射方法在增加极性方面更加有效。但是，在高能量和长时间处理下，两种处理方法都降低了纤维的柔韧性。

4.6.1.2 等离子处理

等离子处理是与电晕处理相似的另外一种物理方法，通过溅射效应使纤维表面变得粗糙，从而增大其与高分子基体的接触和摩擦面积。等离子处理的优点是可靠及可重复性高；缺点是大气压力等离子流只能应用于面向离子流的那一面，且处理厚度只有几纳米[91]。等离子处理纤维可以有效地提高植物纤维增强高分子复合材料的界面和力学性能。Bozaci等[92]使用氩气和大气压等离子系统处理亚麻纤维，研究了处理对亚麻纤维增强高密度聚乙烯和聚酯复合材料界面性能的影响。X射线光电子能谱结果表明，等离子处理之后纤维表面具有更高的氧含量和氧/碳比。另外，纤维表面的化学成分和官能基团发生了变化。单纤维拔出测试结果表明，界面剪切强度最大增幅可达47%。这是由于在溅射和腐蚀的作用下，纤维的表面粗糙度增加，纤维与基体的机械咬合增强，促使界面粘附力增大。但是，较大能量的处理会降低纤维的拉伸强度。Li等[93]研究了等离子处理电压对苎麻增强聚丁二酸丁二醇酯界面性能的影响。结果表明，在1.5～9V电压范围内，单纤维的拉伸强度没有降低。微珠测试结果表明，当使用6V电压处理纤维时，复合材料界面剪切强度获得最大的提升（45.5%），更好的化学相容性和更强的机械咬合可能是改进界面性能的主要机制。

4.6.2 化学处理

通过化学改性的纤维表面，其浸润性和表面张力等表面特性能够得到改进，同时，化学改性导致的纤维表面不规整性有利于在界面处形成机械咬合。改性纤维的化学方法包括使用碱、高锰酸盐、乙酰化、偶联剂、苯甲酰化、过氧化物、异氰酸盐、硬脂酸和酶等对纤维进行处理。

4.6.2.1 碱处理

碱处理是最常见的化学处理方法。这种方法破坏纤维素网络结构中的氢键连接，增加纤维表面粗糙度，促使其与高分子基体更强地机械咬合；另外，碱处理增加了暴露于纤维表面的纤维素，增多了可能反应的点。研究结果表明[94]，碱处理提高了植物纤维增强复合材料的界面和力学性能。Cao等[95]研究了氢氧化钠处理对甘蔗纤维增强聚酯复合材料力学性能的影响。结果表明，氢氧化钠浓度为1%时，复合材料的拉伸强度、弯曲强度和冲击强度分别提高13%、14%和30%，这是由于碱处理提高了纤维的强度和长径比，改进了纤维与基体的界面粘附。Aziz等[96]在19℃下使用6%浓度的氢氧化钠水溶液处理大麻和洋麻纤维48h，干燥之后用来增强聚酯树脂。没有处理的纤维存在蜡质以及表面杂质，而氢氧化钠处理的纤维表面非常干净。动态力学分析结果表明，纤维处理后的复合材料的动态储能模量高于未处理的复合材料。Fiore等[97]使用浓度为6%的氢氧化钠溶液分别处理洋麻纤维48h和144h。观察发现未处理的纤维表面存在杂质，经48h处理后纤维表面的杂质被清除；而144h处理后的纤维在其长度方向出现裂纹，损伤纤维的表面。力学性能测试结果表明，由于界面性能的改进，碱处理48h后洋麻纤维增强环氧树脂复合材料的拉伸和弯曲性能都得到提升。

4.6.2.2 偶联剂处理

偶联剂通常含有两个可反应的官能团，其中一个官能团可与基体反应，而另一个官能团则可与纤维反应，起到桥联二者的作用。许多研究使用硅烷处理的方法改进植物纤维增强高分子复合材料的界面和力学性能。Mohanty 等[98]使用马来酸酐接枝偶联剂改性黄麻纤维，结果表明，复合材料的弯曲强度提高 72.3%。Doan 等[99]联合使用碱处理、有机硅烷偶联剂和水溶性的环氧分散液的方法处理黄麻纤维。结果表明，复合材料界面剪切强度提高了 46%。SEM 和原子力显微镜（Atomic Force Microscope，AFM）观察发现，纤维处理去除纤维表面的杂质，使纤维表面变粗糙并增大了纤维的表面积，提高纤维与基体的机械咬合和浸润性。特别是硅烷偶联剂的存在，能通过化学连接提高界面性能。此外，纤维表面出现孔结构，锚作用的偶联剂能够刺入孔，形成咬合层。

4.6.2.3 乙酰化处理

乙酰化处理使木质素、半纤维素和非晶纤维素的羟基与乙酰基反应，乙酰基取代纤维细胞壁的羟基，致使纤维疏水。乙酰化处理在植物纤维增强复合材料中得到广泛应用。典型处理过程为：将去除蜡质的植物纤维在 30℃下浸泡在浓度为 5%氢氧化钠溶液中 1h，再将碱处理之后的纤维浸泡在同样温度的冰乙酸中 1h，之后取出放入含硫酸的乙酸酐中 5min。处理后的纤维表面变得非常粗糙，并且有许多孔洞，有利于与基体更好地机械咬合。Bledzki 等[100]使用乙酰化方法处理亚麻纤维，研究其对亚麻纤维增强聚丙烯复合材料的影响。首先将亚麻纤维在去离子水中浸泡 1h，过滤之后将纤维置于烧瓶中进行乙酰化。乙酰化的溶液由 250mL 的甲苯、125mL 的乙酸酐以及少量作为催化剂的高氯酸组成。乙酰化的温度为 60℃，处理时间为 1~3h。之后，用蒸馏水反复清洗，直到没有酸的残余，最后干燥纤维。将处理后的纤维与聚丙烯复合，研究处理对纤维和复合材料性能的影响。结果表明，未处理的纤维表面有蜡质和突出部分，纤维表面粗糙；而乙酰化能去除蜡质表皮，使纤维表面变得光滑，同时处理也会导致纤维微纤化。力学测试结果表明，乙酰化度达到 18%时，复合材料的拉伸和弯曲强度最高，与未处理的纤维增强复合材料相比提高约 25%。这主要是由于纤维乙酰化处理去除纤维的外表面，增加纤维素的含量和有效的表面积，提高了纤维与基体的界面强度。但是乙酰化处理会降低复合材料的冲击强度，主要是由于纤维与基体界面增强后，复合材料的韧性下降。

4.6.2.4 高锰酸盐处理

高锰酸盐是含有高锰酸盐基团的化合物。用高锰酸钾处理植物纤维会形成纤维素自由基。典型的处理过程如下：首先将植物纤维进行碱处理，然后在高锰酸钾丙酮溶液中浸泡 1~3min。Paul 等[101]将碱处理后的纤维浸渍在不同浓度的高锰酸钾丙酮溶液中 1min，发现随着浓度的增加，纤维的亲水性降低。但当浓度达到 1%时，纤维开始发生降解，在纤维与基体间形成极性基团。Li 等[102]开展了高锰酸钾处理对剑麻纤维及对其增强高密度聚乙烯复合材料性能影响的研究。处理过程如下：将纤维浸泡在浓度为 0.055%的高锰酸钾丙酮溶液中 2min，之后用丙酮清洗，然后在 60℃下烘干去除溶剂。观察发现，经过高锰酸钾处理后，纤维表面受到刻蚀，变得十分粗糙。韦伯统计发现，相比直径和横截面积等参数，纤维周长的分散性相对较小，因此使用纤维的周长代替直径计算了界面剪切强度。结果显示，复合材料界面剪切强度从未处理的 1.3MPa 增加到处理后的 2.9MPa。

4.6.3 纳米改性

Li 等[103]通过喷射沉积工艺在亚麻纱线表面涂覆了羧基化碳纳米管（COOH-CNTs）。

研究结果表明，在添加 1wt％的 COOH-CNTs 情况下，亚麻/环氧复合材料的界面剪切强度、I 型层间断裂韧性及层间剪切强度分别提升了 26％、31％ 和 20％。刚性的 COOH-CNTs 通过氢键作用结合在亚麻纤维表面，减少了纤维表面的自由羟基。部分 COOH-CNTs 刺入纤维的初生壁，在复合材料界面处起到钉锚的作用，增强了界面的咬合力（图 4-9）。这一方法可以在增强植物纤维与树脂基体间机械咬合力的同时，不损伤纤维结构，也减弱了纤维的亲水性。图 4-10（a）～（d）为纱线拔出后的孔洞的光学显微镜照片。从图 4-10（a）可以看出，对于没有碳纳米管添加的复合材料，孔的边界较光滑，基本上没有纤维残留在孔洞中，界面处的基体也没有显著的变形。相反，对于含碳纳米管的复合材料而言，拔出孔的内壁可以看到明显的纤维残留，界面处的基体也有显著的变形［图 4-10（b）～（d）］。图 4-10（e）～（h）为拔出纱线的 SEM 微观形貌图。如图 4-10（e）所示，没有碳纳米管处理的拔出纱线的表面光滑且没有树脂的粘附，旁边脱粘的基体也是光滑平坦的，说明纤维与基体之间界面性能较差。对于碳纳米管含量为 0.5％的复合材料［图 4-10（f）］，纤维部分破损，树脂粘附在纤维的表面，并且观察到碳纳米管分散于树脂基体中。碳纳米管含量为 1％和 2％的复合材料的拔出测试破坏失效形貌分别如图 4-10（g）和 4-10（h）所示，均可观察到大约呈 10°的纤维微纤角，这是亚麻纤维细胞壁中次壁的典型结构，说明纤维细胞壁主壁发生了剥离破坏，导致了次壁的暴露。另外，碳纳米管含量为 2％的复合材料中含有分布密集的碳纳米管，这可能造成碳纳米管之间的团聚，导致碳纳米管含量为 2％的复合材料的界面剪切强度（IFSS）低于含量为 1％的复合材料。当纤维和基体的界面得到优化后，亚麻纤维的多尺度多层次结构影响其增强复合材料的失效模式。当拔出力作用于亚麻纤维上时，纤维细胞壁受到剪切力的作用。由于纤维细胞壁层与层之间或者层内之间的剪切强度较低，所以当剪切应力超过层间或者层内的内聚力和剪切强度时，会造成纤维本身的剪切失效，从而导致细胞壁的撕裂和剥离。

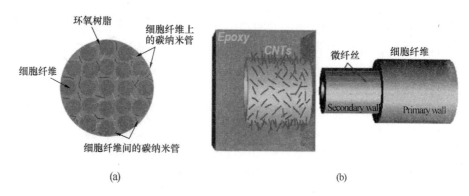

图 4-9 （a）碳纳米管在亚麻纱线/环氧复合材料中的存在形式；
（b）机械咬合机制与纱线/环氧复合材料失效示意图[103]

图 4-11 对比了碳纳米管处理前后纱线表面形貌的变化。可以看出，与没有碳纳米管处理的纱线相比［图 4-11（a）和图 4-11（b）］，经过含量为 1％的碳纳米管处理后，纤维上的碳纳米管以进入纱线单元纤维之间的空隙和较均匀地分布在纤维上这两种形式存在［图 4-11（c）］。由于亚麻纤维独特的结构和本身含有的大量羟基，致使其具有强烈的吸水特性。吸水之后纤维的肿胀致使纤维的比表面积增大，这有利于纤维与碳纳米管的表面接触，从而增强

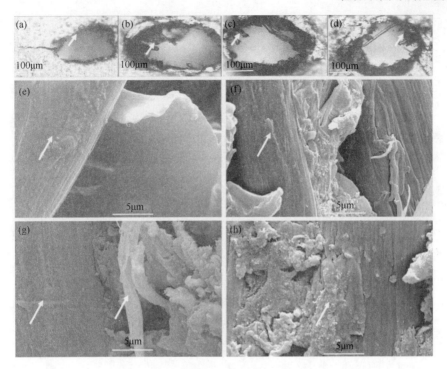

图 4-10　碳纳米管含量对亚麻纱线/环氧复合材料拔出断裂形貌的影响

(a) 控制组；(b) 0.5wt%；(c) 1.0wt%；(d) 2.0wt%；(e) 控制组；

(f) 0.5wt%；(g) 1.0wt%；(h) 2.0wt%[103]

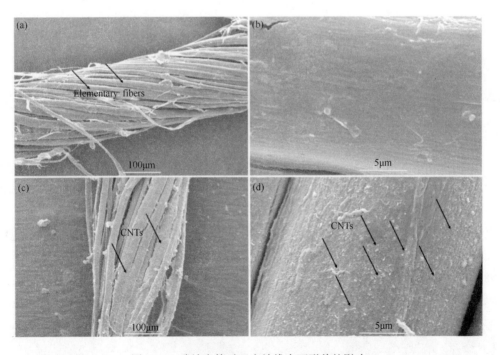

图 4-11　碳纳米管对亚麻纱线表面形貌的影响

(a) 控制组(×200)；(b) 控制组(×5000)；(c) 1.0wt%(×200)；(d) 1.0wt%(×5000)[103]

了二者之间的表面作用。同时，碳纳米管的柔韧性能够顺应纤维的形状，使得与纤维有较好的贴性。另外，部分碳纳米管刺入到纤维的内部，只留下很短的一端在纤维外面［图 4-11 (d)］。这可能是由于以下两个原因造成：一是吸水之后致使纤维软化，有利于碳纳米管的刺入；二是植物纤维细胞壁本身含有相对柔软的半纤维素和果胶成分，使得高模量的碳纳米管较容易刺入。

4.6.4 表面处理对植物纤维物理和力学性能的影响

4.6.4.1 纤维形貌

图 4-12 为未处理、碱处理和高锰酸钾处理的剑麻纤维直径 Weibull 分布 $\ln[-\ln(1-P_f)]-\ln\sigma$ 关系图。通过直线拟合和计算，得到了纤维直径 Weibull 分布的形状和位置参数，见表 4-7。可以看出，经过表面处理后，剑麻纤维的直径减小，尤其是碱处理。这可能是因为经过表面处理后，剑麻纤维中起粘结作用的果胶等物质被去除，一根纤维在径向被分成若干部分，纤维彼此分离，导致纤维直径减小。

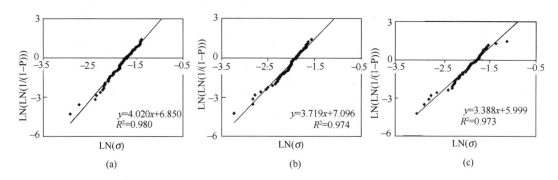

图 4-12　未处理、碱处理和高锰酸钾处理剑麻纤维 Weibull 分布 $\ln[-\ln(1-P_f)]-\ln\sigma$ 关系图
(a) 未处理；(b) 碱处理；(c) 高锰酸钾处理

表 4-7　未处理、碱处理和高锰酸钾处理剑麻纤维 Weibull 分布参数计算结果

剑麻纤维	m	σ_0 (mm)	R^2
未处理	6.85	0.18	0.980
碱处理	7.10	0.15	0.974
高锰酸钾处理	6.00	0.17	0.973

未处理、碱处理和高锰酸钾处理后的剑麻纤维的纵向表面微观形貌如图 4-13 所示。可

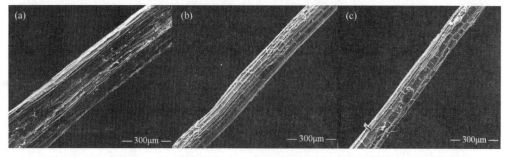

图 4-13　(a) 未处理、(b) 碱处理和 (c) 高锰酸钾处理剑麻纤维的纵向表面微观形貌

以看出，未处理剑麻纤维的纵向表面相对较光滑。经过表面处理后，纤维的表面变得粗糙，并且可以看到由于刻蚀作用留下的不连续的浅沟槽。另一方面，经过表面处理后，纤维的直径明显减小，这也与纤维直径测量的结果一致。

通过比较未处理、碱处理以及高锰酸钾处理剑麻纤维的红外光谱图（图 4-14），可以看出，未处理和经过表面处理的剑麻纤维在 3315cm^{-1} 和 2870cm^{-1} 处均有强吸收峰，分别为 O—H 键的伸缩振动和 C—H 键的伸缩振动，这也说明剑麻纤维中含有大量的羟基，具有较强的亲水性。而剑麻纤维在经过碱处理后，1730cm^{-1} 附近与果胶或半纤维素中 C=O 键或 C=O—O 键的伸缩振动相关的吸收峰以及 1235～1264cm^{-1} 区域与木质素中 C—O—C 的振动相关的吸收峰发生明显的减小或甚至消失。这是因为，经过碱处理后，半纤维素、木质素和果胶等易溶于碱溶液的物质被部分或甚至全部去除。这也阐明了表面处理后纤维直径变小和表面形貌变得粗糙的原因。1600cm^{-1} 附近的吸收峰与纤维所吸收水分的弯曲振动有关，其强度仅与吸收水分含量有关。可以发现，经过处理后，O—H 伸缩振动峰强度有所下降，表明经过表面处理后剑麻纤维的吸水性能也得到改善。

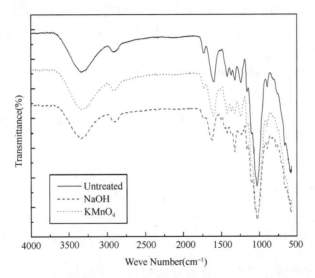

图 4-14　未处理、碱处理和高锰酸钾处理剑麻纤维的红外光谱图

4.6.4.2　热失重性能

植物纤维的裂解可以归结为纤维素、半纤维素和木质素三种高聚物的热裂解。植物纤维的裂解过程中，通常可以观察到一个明显的、与纤维素裂解相关的热失重峰和另外一个热解温度较低的、与半纤维素裂解相关的热失重峰。由于木质素在生物质中的含量较小，且裂解过程较慢，因此在热失重图谱很难观察到与木质素相关的热失重峰。

图 4-15 为未处理、碱处理和高猛酸钾处理剑麻纤维的热失重曲线。可以看出，未处理剑麻纤维在 280℃和 350℃附近有两个明显的热失重峰，分别对应半纤维素的裂解峰和纤维素的裂解峰。同时也可以发现，剑麻纤维在经过纤维表面处理后，第一个热失重峰明显减小，甚至几近消失（碱处理），这与纤维表面处理过程中半纤维素的去除有关。

表 4-8 为未处理、碱处理和高锰酸钾处理剑麻纤维在不同温度范围内的热失重情况。在 40～120℃这个范围内的热失重主要是由纤维中水分的蒸发所引起的。虽然已经对纤维进行

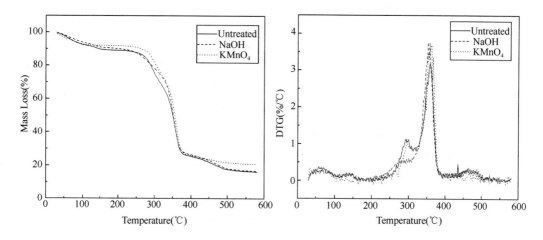

图 4-15　未处理、碱处理和高锰酸钾处理剑麻纤维的热失重曲线

了烘干处理，但是由于剑麻纤维的强吸水性，烘干很难保证水分的完全去除，尤其是纤维中的结晶水分。可以看出，经过碱处理和高锰酸钾处理后，纤维的含水量分别减少12％和26％。这也表明，表面处理改善了剑麻纤维的抗吸水性能。而在270～310℃这个温度范围内，经过表面处理的剑麻纤维热失重明显要低于未处理剑麻纤维，这是因为表面处理过程中半纤维素的部分或甚至全部被去除。

表 4-8　不同温度范围未处理、碱处理和高锰酸钾处理剑麻纤维的热失重

剑麻	质量损失 （％）		
	40～120℃	280～310℃	320～380℃
未处理	6.9	11.3	42.4
碱处理	6.1	9.2	46.0
高锰酸钾处理	5.1	6.3	47.8

4.6.5　表面处理对单向剑麻纤维增强复合材料力学性能的影响

4.6.5.1　界面性能

界面性能好坏在一定程度上决定了复合材料的力学性能。通常，单向纤维增强复合材料的横向力学性能主要与基体以及纤维/基体的界面性能相关。因此，为研究单向剑麻纤维增强复合材料的界面性能，对未处理、碱处理和高锰酸钾处理单向剑麻增强复合材料的横向弯曲性能进行了测试，如图4-16所示。可以看出，经过表面处理后，复合材料的横向弯曲性能得到显著提高。这也表明，经过表面处理后，纤维/基体的界面性能得到明显的改善。这必然与纤维表面微观形貌、亲水性以及浸润性能的改善有关：一方面，经过表面处理后，纤维表面变得更加粗糙，增加了纤维与基体之间的机械咬合；另一方面，在复合材料成型过程中，水分易于在纤维与基体的界面起到分隔作用，同时，水分的挥发容易导致树脂基体中气泡的产生。而经过表面处理后，剑麻纤维抗吸水性能的改善有助于提高复合材料的界面性能。

未处理、碱处理和高锰酸钾处理单向剑麻纤维增强复合材料的微观形貌如图4-17所示。可以看出，未处理单向剑麻纤维增强复合材料的界面附近可以观察到微裂纹和微孔洞，而经

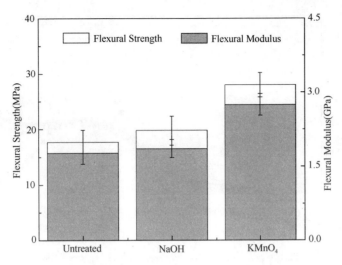

图 4-16 未处理、碱处理和高锰酸钾处理单向剑麻增强复合材料的横向弯曲性能

过表面处理后，这些缺陷消失。

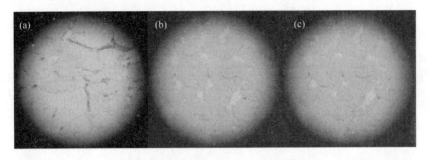

图 4-17 未处理、碱处理和高锰酸钾处理单向剑麻纤维增强复合材料微观形貌
(a) 未处理；(b) 碱处理；(c) 高锰酸钾处理

  酚醛树脂和单向剑麻纤维增强复合材料（横向）的损耗因子随温度变化的曲线如图4-18所示。从图中可以发现：未处理剑麻纤维增强复合材料的玻璃化转变温度为 166.5℃，略高于纯树脂的玻璃化转变温度（165.7℃）；经过碱处理和高锰酸钾处理后，玻璃化转变温度得到显著提高，分别为 174.5℃和170.4℃；复合材料的损耗因子峰值均低于纯树脂的损耗因子峰值。这是因为，纤维的加入，限制了树脂基体高分子链段的运动，损耗因子峰值降低，玻璃化转变温度升高。经过界面改性处理之后，纤维与树脂的界面性能得到改善，进一步限制了高分子链段的运动，导致玻璃化转变温度进一步提高。

4.6.5.2 其他力学性能

  图 4-19 为未处理、碱处理和高锰酸钾处理单向剑麻纤维增强复合材料的拉伸性能。可以看出，单向剑麻纤维增强复合材料的力学性能在经过碱处理和高锰酸钾处理后得到了一定程度的提高，拉伸模量分别较未处理单向剑麻增强复合材料提高 19％和9％。由前面对纤维表明处理前后的红外光谱分析和热失重分析得出，木质素和半纤维素等力学性能较差的物质在纤维表面处理过程中被去除，而力学性能较好的纤维素的相对含量因此而提高，导致复合材料的拉伸模量得到提高。从前面对纤维微观结构的观察可以看出，碱处理相比高锰酸钾处

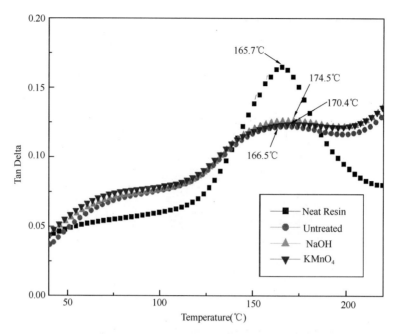

图 4-18　酚醛树脂和单向剑麻纤维增强复合材料（横向）
的损耗因子随温度变化曲线

理具有更为显著的刻蚀作用，因此碱处理单向剑麻增强复合材料具有更高的拉伸模量。总而
言之，纤维决定的力学性能的改善必然与纤维本身力学性能的改善相关。

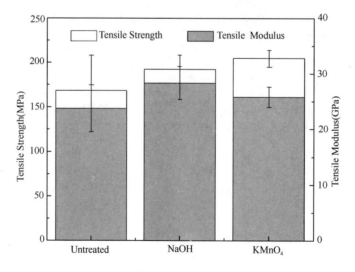

图 4-19　未处理、碱处理和高锰酸钾处理单向剑麻纤维增强复合材料的拉伸性能

　　未处理、碱处理和高锰酸钾处理单向剑麻纤维增强复合材料的纵向弯曲性能如图 4-20
所示。可以看出，经过表面处理的单向剑麻纤维增强复合材料的纵向弯曲性能得到明显
的改善。这必然与前面所观察到的剑麻纤维在表面处理过程中发生的物理力学性能的改
变相关。

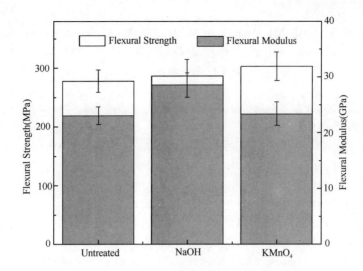

图 4-20　未处理、碱处理和高锰酸钾处理单向剑
麻纤维增强复合材料的纵向弯曲性能

参考文献

[1]　杜善义. 先进复合材料与航空航天[J]. 复合材料学报，2007，24(1)：1-12.

[2]　王永军，何俊杰，元振毅，王浩军，杨绍昌和苏霞. 航空先进复合材料铺放及缝合设备的发展及应用[J]. 航空制造技术，2015，483(14)：40-43.

[3]　Corbiere-Nicollier T，Gfeller-Laban B，Lundquist L，Leterrier Y，Manson JAE and Jolliet O. Life cycle assessment of biofibres replacing glass fibres as reinforcement in plastics[J]. Resources Conservation and Recycling，2001，33(4)：267-287.

[4]　Joshi SV，Drzal LT，Mohanty AK and Arora S. Are natural fiber composites environmentally superior to glass fiber reinforced composites? [J]Composites Part a-Applied Science and Manufacturing，2004，35(3)：371-376.

[5]　Pervaiz M and Sain MM. Carbon storage potential in natural fiber composites[J]. Resources Conservation and Recycling，2003，39(4)：325-340.

[6]　Wambua P，Ivens J and Verpoest I. Natural fibres：can they replace glass in fibre reinforced plastics? [J] Composites Science and Technology，2003，63(9)：1259-1264.

[7]　Yang WD and Li Y. Sound absorption performance of natural fibers and their composites[J]. Science China-Technological Sciences，2012，55(8)：2278-2283.

[8]　Liu K，Takagi H，Osugi R and Yang ZM. Effect of lumen size on the effective transverse thermal conductivity of unidirectional natural fiber composites[J]. Composites Science and Technology，2012，72(5)：633-639.

[9]　Duc F，Bourban PE and Månson JA. The role of twist and crimp on the vibration behaviour of flax fibre composites[J]. Composites Science and Technology，2014，102：94-99.

[10]　Li Y，Luo Y and Han S. Multi-Scale Structures of Natural Fibres and Their Applications in Making Automobile Parts[J]. Journal of Biobased Materials and Bioenergy，2010，4(2)：164-171.

[11]　Gurunathan T，Mohanty S and Nayak SK. A review of the recent developments in biocomposites based on natural fibres and their application perspectives[J]. Composites Part a-Applied Science and Manufac-

turing，2015，77：1-25.

[12] Bogoeva-Gaceva G，Avella M，Malinconico M，Buzarovska A，Grozdanov A，Gentile G and Errico ME. Natural fiber eco-composites[J]. Polymer Composites，2007，28(1)：98-107.

[13] John MJ and Thomas S. Biofibres and biocomposites[J]. Carbohydrate Polymers，2008，71(3)：343-364.

[14] Bledzki AK and Gassan J. Composites reinforced with cellulose based fibres[J]. Progress in Polymer Science，1999，24(2)：221-274.

[15] Faruk O，Bledzki AK，Fink HP and Sain M. Biocomposites reinforced with natural fibers：2000-2010 [J]. Progress in Polymer Science，2012，37(11)：1552-1596.

[16] 詹怀宇，李志强，蔡再生. 纤维化学与物理[M]. 科学出版社，2005.

[17] 裴继诚，杨淑惠. 植物纤维化学[M]. 中国轻工业出版社，2012.

[18] 李忠正，孙润仓，金永灿. 植物纤维资源化学[M]. 中国轻工业出版社，2012.

[19] 贾丽华，陈朝晖，高洁. 亚麻纤维及应用[M]. 化学工业出版社，2007.

[20] Gassan J，Chate A and Bledzki AK. Calculation of elastic properties of natural fibers[J]. Journal of Materials Science，2001，36(15)：3715-3720.

[21] Williams GI and Wool RP. Composites from natural fibers and soy oil resins[J]. Applied Composite Materials，2000，7(5-6)：421-432.

[22] Li Y，Mai YW and Ye L. Sisal fibre and its composites：a review of recent developments[J]. Composites Science and Technology，2000，60(11)：2037-2055.

[23] Chanliaud E，Burrows KM，Jeronimidis G and Gidley MJ. Mechanical properties of primary plant cell wall analogues[J]. Planta，2002，215(6)：989-996.

[24] Mangiacapra P，Gorrasi G，Sorrentino A and Vittoria V. Biodegradable nanocomposites obtained by ball milling of pectin and montmorillonites[J]. Carbohydrate Polymers，2006，64(4)：516-523.

[25] Fratzl P and Weinkamer R. Nature's hierarchical materials[J]. Progress in Materials Science，2007，52(8)：1263-1334.

[26] Gorshkova TA，Sal'nikova VV，Chemikosova SB，Ageeva MV，Pavlencheva NV and van Dam JEG. The snap point：a transition point in Linum usitatissimum bast fiber development[J]. Industrial Crops and Products，2003，18(3)：213-221.

[27] Gorshkova T and Morvan C. Secondary cell-wall assembly in flax phloem fibres：role of galactans[J]. Planta，2006，223(2)：149-158.

[28] Li Y，Hu YP，Hu CJ and Yu YH. Microstructures and Mechanical Properties of Natural Fibers[J]. Advanced Materials Research，2008，33-37：553-558.

[29] Salmen L and de Ruvo A. A model for the prediction of fiber elasticity[J]. Wood and fiber science，1985，17(3)：336-350.

[30] M. E. A. Fidelis；T. V. C. Pereira；O. d. F. M. Gomes；F. de Andrade Silva and R. D. Toledo Filho. The effect of fiber morphology on the tensile strength of natural fibers[J]. Journal of Materials Research and Technology，2013，2：149-157.

[31] Charlet K，Jernot JP，Gomina M，Breard J，Morvan C and Baley C. Influence of an Agatha flax fibre location in a stem on its mechanical，chemical and morphological properties[J]. Composites Science and Technology，2009，69(9)：1399-1403.

[32] Page DH and El-Hosseiny F. mechanical properties of single wood pulp fibres. VI. Fibril angle and the shape of the stress-strain curve[J]. Pulp & paper Canada 0316-4004，1983.

[33] Khalili S，Akin DE，Pettersson B and Henriksson G. Fibernodes in flax and other bast fibers[J].

Journal of Applied Botany-Angewandte Botanik，2002，76(5-6)：133-138.

[34] Amaducci S，Amaducci MT，Benati R and Venturi G. Crop yield and quality parameters of four annual fibre crops (hemp, kenaf, maize and sorghum) in the North of Italy[J]. Industrial Crops and Products，2000，11(2-3)：179-186.

[35] A. Bezazi；A. Belaadi；M. Bourchak；F. Scarpa and K. Boba. Novel extraction techniques, chemical and mechanical characterisation of Agave americana L. natural fibres[J]. Compos Part B-Eng，2014，66：194-203.

[36] K. M. M. Rao and K. M. Rao. Extraction and tensile properties of natural fibers: Vakka, date and bamboo[J]. Compos Struct，2007，77：288-295.

[37] X. S. Zeng；S. J. Mooney and C. J. Sturrock. Assessing the effect of fibre extraction processes on the strength of flax fibre reinforcement[J]. Compos Part a-Appl S，2015，70：1-7.

[38] Silva FD，Chawla N and de Toledo RD. Tensile behavior of high performance natural (sisal) fibers[J]. Composites Science and Technology，2008，68(15-16)：3438-3443.

[39] M. Aslan；G. Chinga-Carrasco；B. F. Sorensen and B. Madsen. Strength variability of single flax fibres[J]. J Mater Sci，2011，46：6344-6354.

[40] A. Duval；A. Bourmaud；L. Augier and C. Baley. Influence of the sampling area of the stem on the mechanical properties of hemp fibers[J]. Mater Lett，2011，65：797-800.

[41] V. Placet；O. Cisse and M. L. Boubakar. Influence of environmental relative humidity on the tensile and rotational behaviour of hemp fibres[J]. J Mater Sci，2012，47：3435-3446.

[42] V. Placet. Characterization of the thermo-mechanical behaviour of Hemp fibres intended for the manufacturing of high performance composites[J]. Compos Part a-Appl S，2009，40：1111-1118.

[43] V. Placet；O. Cisse and M. L. Boubakar. Nonlinear tensile behaviour of elementary hemp fibres. Part Ⅰ：Investigation of the possible origins using repeated progressive loading with in situ microscopic observations[J]. Compos Part a-Appl S，2014，56：319-327.

[44] Trivaudey F，Placet V，Guicheret-Retel V and Boubakar ML. Nonlinear tensile behaviour of elementary hemp fibres. Part Ⅱ：Modelling using an anisotropic viscoelastic constitutive law in a material rotating frame[J]. Composites Part a-Applied Science and Manufacturing，2015，68：346-355.

[45] Baley C. Analysis of the flax fibres tensile behaviour and analysis of the tensile stiffness increase[J]. Composites Part a-Applied Science and Manufacturing，2002，33(7)：939-948.

[46] Munawar SS，Umemura K and Kawai S. Characterization of the morphological, physical, and mechanical properties of seven nonwood plant fiber bundles[J]. Journal of Wood Science，2007，53(2)：108-113.

[47] Malkapuram R，Kumar V and Negi YS. Recent Development in Natural Fiber Reinforced Polypropylene Composites[J]. Journal of Reinforced Plastics and Composites，2009，28(10)：1169-1189.

[48] V. A. Alvarez and A. Vazquez. Influence of fiber chemical modification procedure on the mechanical properties and water absorption of MaterBi-Y/sisal fiber composites[J]. Compos Part a-Appl S，2006，37：1672-1680.

[49] Bos HL and Donald AM. In situ ESEM study of the deformation of elementary flax fibres[J]. Journal of Materials Science，1999，34(13)：3029-3034.

[50] Dai D and Fan M. Characteristic and performance of elementary hemp fibre[J]. Materials Sciences and Applications，2010，1(06)：336.

[51] Salmen L. ，Ruvo A. A model for the prediction of fiber elasticity[J]. Wood Fiber Sci，1985，17：336-350.

[52] Hearle J. ，Sparrow J. T. Mechanics of the extension of cotton fibers. II. Theoretical modeling[J]. J

Appl Polym Sci，1979：24：1857-1874.

[53] Chanliaud E.，Burrows K. M.，Jeronimidis G.，Gidley M. J. Mechanical properties of primary plant cell wall analogues[J]. Planta，2002，215：989-996.

[54] Halpin J. C.，Kardos J. L. The Halpin-Tsai equations：A review[J]. Polym Eng Sci，1976，16：344-352.

[55] Shah DU，Schubel PJ，Licence P and Clifford MJ. Determining the minimum，critical and maximum fibre content for twisted yarn reinforced plant fibre composites[J]. Composites Science and Technology，2012，72(15)：1909-1917.

[56] Ben Brahim S and Ben Cheikh R. Influence of fibre orientation and volume fraction on the tensile properties of unidirectional Alfa-polyester composite[J]. Composites Science and Technology，2007，67(1)：140-147.

[57] Pan N. Theoretical determination of the optimal fiber volume fraction and fiber-matrix property compatibility of short fiber composites[J]. Polymer Composites，1993，14(2)：85-93.

[58] Yu T，Li Y and Ren J. Preparation and properties of short natural fiber reinforced poly(lactic acid) composites[J]. Transactions of Nonferrous Metals Society of China，2009，19：S651-S655.

[59] Madsen B，Thygesen A and Lilholt H. Plant fibre composites-porosity and stiffness[J]. Composites Science and Technology，2009，69(7-8)：1057-1069.

[60] Oksman K，Wallstrom L，Berglund LA and Toledo RD. Morphology and mechanical properties of unidirectional sisal-epoxy composites [J]. Journal of Applied Polymer Science，2002，84 (13)：2358-2365.

[61] Khondker OA，Ishiaku US，Nakai A and Hamada H. A novel processing technique for thermoplastic manufacturing of unidirectional composites reinforced with jute yarns[J]. Composites Part a-Applied Science and Manufacturing，2006，37(12)：2274-2284.

[62] Shah DU，Schubel PJ，Clifford MJ and Licence P. The tensile behavior of off-axis loaded plant fiber composites：An insight on the nonlinear stress-strain response[J]. Polymer Composites，2012，33(9)：1494-1504.

[63] Li Y and Yuan BY. Nonlinear Mechanical Behavior of Plant Fiber Reinforced Composites[J]. Journal of Biobased Materials and Bioenergy，2014，8(2)：240-245.

[64] J. Andersons；J. Modniks and E. Sparnins. Modeling the nonlinear deformation of flax-fiber-reinforced polymer matrix laminates in active loading[J]. J Reinf Plast Comp，2015，34：248-256.

[65] A. Le Duigou；C. Baley；Y. Grohens；P. Davies；J. Y. Cognard；R. Creach'cadec，et al. A multiscale study of the interface between natural fibres and a biopolymer[J]. Compos Part a-Appl S，2014，65：161-168.

[66] Singleton ACN，Baillie CA，Beaumont PWR and Peijs T. On the mechanical properties，deformation and fracture of a natural fibre/recycled polymer composite[J]. Composites Part B-Engineering，2003，34(6)：519-526.

[67] Newman RH，Le Guen MJ，Battley MA and Carpenter JEP. Failure mechanisms in composites reinforced with unidirectional Phormium leaf fibre[J]. Composites Part a-Applied Science and Manufacturing，2010，41(3)：353-359.

[68] Romhany G，Karger-Kocsis J and Czigany T. Tensile fracture and failure behavior of thermoplastic starch with unidirectional and cross-ply flax fiber reinforcements[J]. Macromolecular Materials and Engineering，2003，288(9)：699-707.

[69] M. Aslan. Investigation of damage mechanism of flax fibre LPET commingled composites by acoustic

emission[J]. Compos Part B-Eng, 2013, 54: 289-297.

[70] L. B. Yan; N. Chouw and X. W. Yuan. Improving the mechanical properties of natural fibre fabric reinforced epoxy composites by alkali treatment[J]. J Reinf Plast Comp, 2012, 31: 425-437.

[71] Li Y, Xie L and Ma H. Permeability and mechanical properties of plant fiber reinforced hybrid composites[J]. Materials & Design, 2015, 86: 313-320.

[72] Stocchi A, Lauke B, Vazquez A and Bernal C. A novel fiber treatment applied to woven jute fabric/vinylester laminates [J]. Composites Part a-Applied Science and Manufacturing, 2007, 38 (5): 1337-1343.

[73] Liu Q and Hughes M. The fracture behaviour and toughness of woven flax fibre reinforced epoxy composites[J]. Composites Part a-Applied Science and Manufacturing, 2008, 39(10): 1644-1652.

[74] Song YS, Lee JT, Ji DS, Kim MW, Lee SH and Youn JR. Viscoelastic and thermal behavior of woven hemp fiber reinforced poly(lactic acid) composites[J]. Composites Part B-Engineering, 2012, 43 (3): 856-860.

[75] De Vasconcellos DS, Touchard F and Chocinski-Arnault L. Tension-tension fatigue behaviour of woven hemp fibre reinforced epoxy composite: A multi-instrumented damage analysis[J]. International Journal of Fatigue, 2014, 59: 159-169.

[76] Milanese AC, Cioffi MOH and Voorwald HJC. Thermal and mechanical behaviour of sisal/phenolic composites[J]. Composites Part B-Engineering, 2012, 43(7): 2843-2850.

[77] Baghaei B, Skrifvars M and Berglin L. Manufacture and characterisation of thermoplastic composites made from PLA/hemp co-wrapped hybrid yarn prepregs[J]. Composites Part a-Applied Science and Manufacturing, 2013, 50: 93-101.

[78] Pohl T, Bierer M, Natter E, Madsen B, Hoydonckx H and Schledjewski R. Properties of compression moulded new fully biobased thermoset composites with aligned flax fibre textiles[J]. Plastics Rubber and Composites, 2011, 40(6-7): 294-299.

[79] Lodha P and Netravali AN. Characterization of stearic acid modified soy protein isolate resin and ramie fiber reinforced 'green' composites[J]. Composites Science and Technology, 2005, 65(7-8): 1211-1225.

[80] Shanmugam D and Thiruchitrambalam M. Static and dynamic mechanical properties of alkali treated unidirectional continuous Palmyra Palm Leaf Stalk Fiber/jute fiber reinforced hybrid polyester composites[J]. Materials & Design, 2013, 50: 533-542.

[81] Herrera-Franco PJ and Valadez-Gonzalez A. Mechanical properties of continuous natural fibre-reinforced polymer composites[J]. Composites Part a-Applied Science and Manufacturing, 2004, 35(3): 339-345.

[82] Kim JT and Netravali AN. Mercerization of sisal fibers: Effect of tension on mechanical properties of sisal fiber and fiber-reinforced composites[J]. Composites Part a-Applied Science and Manufacturing, 2010, 41(9): 1245-1252.

[83] Hughes M, Carpenter J and Hill C. Deformation and fracture behaviour of flax fibre reinforced thermosetting polymer matrix composites[J]. Journal of Materials Science, 2007, 42(7): 2499-2511.

[84] Lebrun G, Couture A and Laperriere L. Tensile and impregnation behavior of unidirectional hemp/paper/epoxy and flax/paper/epoxy composites[J]. Composite Structures, 2013, 103: 151-160.

[85] Coroller G, Lefeuvre A, Le Duigou A, Bourmaud A, Ausias G, Gaudry T and Baley C. Effect of flax fibres individualisation on tensile failure of flax/epoxy unidirectional composite[J]. Composites Part a-Applied Science and Manufacturing, 2013, 51: 62-70.

[86] Shah DU, Schubel PJ, Clifford MJ and Licence P. Mechanical Property Characterization of Aligned

Plant Yarn Reinforced Thermoset Matrix Composites Manufactured via Vacuum Infusion[J]. Polymer-Plastics Technology and Engineering, 2014, 53(3): 239-253.

[87] Madsen B, Hoffmeyer P and Lilholt H. Hemp yarn reinforced composites-II. Tensile properties[J]. Composites Part a-Applied Science and Manufacturing, 2007, 38(10): 2204-2215.

[88] M. Baiardo; G. Frisoni; M. Scandola and A. Licciardello. Surface chemical modification of natural cellulose fibers[J]. J Appl Polym Sci, 2002, 83: 38-45.

[89] Gassan J, Gutowski VS. Effects of corona discharge and UV treatment on the properties of jute-fibre epoxy composites[J]. Composites Science and Technology. 2000; 60(15): 2857-2863.

[90] Ragoubi M, Bienaimé D, Molina S, et al. Impact of corona treated hemp fibres onto mechanical properties of polypropylene composites made thereof[J]. Industrial Crops and Products. 2010; 31(2): 344-349.

[91] Mukhopadhyay S, Fangueiro R. Physical modification of natural fibers and thermoplastic films for composites—a review[J]. Journal of Thermoplastic Composite Materials. 2009; 22(2): 135-162.

[92] Bozaci E, Sever K, Sarikanat M, et al. Effects of the atmospheric plasma treatments on surface and mechanical properties of flax fiber and adhesion between fiber-matrix for composite materials[J]. Composites Part B: Engineering. 2013; 45(1): 565-572.

[93] Li Y, Zhang J, Cheng P, et al. Helium plasma treatment voltage effect on adhesion of ramie fibers to polybutylene succinate[J]. Industrial Crops and Products. 2014; 61: 16-22.

[94] Van de Weyenberg I, Chi Truong T, Vangrimde B, et al. Improving the properties of UD flax fibre reinforced composites by applying an alkaline fibre treatment[J]. Composites Part A: Applied Science and Manufacturing. 2006; 37(9): 1368-1376.

[95] Cao Y, Shibata S, Fukumoto I. Mechanical properties of biodegradable composites reinforced with bagasse fibre before and after alkali treatments[J]. Composites Part A: Applied Science and Manufacturing. 2006; 37(3): 423-429.

[96] Aziz SH, Ansell MP. The effect of alkalization and fibre alignment on the mechanical and thermal properties of kenaf and hemp bast fibre composites: Part 1-polyester resin matrix[J]. Composites Science and Technology. 2004; 64(9): 1219-1230.

[97] Fiore V, Di Bella G, Valenza A. The effect of alkaline treatment on mechanical properties of Kenaf fibers and their epoxy composites[J]. Composites Part B: Engineering. 2015; 68: 14-21.

[98] Mohanty S, Nayak S, Verma S, et al. Effect of MAPP as a coupling agent on the performance of jute-PP composites[J]. Journal of Reinforced Plastics and Composites. 2004; 23(6): 625-637.

[99] Doan T-T-L, Brodowsky H, Mäder E. Jute fibre/epoxy composites: surface properties and interfacial adhesion[J]. Composites Science and Technology. 2012; 72(10): 1160-1166.

[100] Bledzki A, Mamun A, Lucka-Gabor M, et al. The effects of acetylation on properties of flax fibre and its polypropylene composites[J]. Express Polym Lett. 2008; 2(6): 413-422.

[101] Paul A, Joseph K, Thomas S. Effect of surface treatments on the electrical properties of low-density polyethylene composites reinforced with short sisal fibers[J]. Composites Science and Technology. 1997; 57(1): 67-79.

[102] Li Y, Hu C, Yu Y. Interfacial studies of sisal fiber reinforced high density polyethylene (HDPE) composites[J]. Composites Part A: Applied Science and Manufacturing. 2008; 39(4): 570-578.

[103] Li Y, Chen CZ, Xu J, Zhang ZS, Yuan BY and Huang XL. Improved mechanical properties of carbon nanotubes-coated flax fiber reinforced composites[J]. Journal of Materials Science, 2015, 50(3): 1117-1128.

5 植物纤维增强复合材料力学高性能化和多功能化

5.1 引 言

植物纤维增强复合材料可根据使用要求进行结构和功能设计。综合考虑材料的经济性、环保性、力学性能甚至功能性需求可设计出不同的复合材料结构形式。这些设计包括复合材料三要素，即增强相、界面相与基体相的选择与优化。比如当经济性作为首要考虑时，可以选用一些植物短纤维作为增强材料，如各类秸秆等禾本科植物，与成型方便的热塑性基体复合成型；当环保性作为首要考虑时，增强相与基体相可都选用生物可降解的材料，并优先满足基本的力学性能；当性能作为首要考虑时，纤维可以选择力学性能较高的连续纤维，基体则可选用性能更好的热固性聚合物，并且对纤维基体界面都进行优化；当需要满足某些功能要求时，如吸声隔声、导电阻燃和阻尼要求等，则需要开展复合材料功能化设计。

5.2 植物纤维增强复合材料力学性能优化

植物纤维增强复合材料的最大优势在于增强相本身组分的可再生、可降解、环保等，而其与玻璃纤维等人工纤维增强复合材料相比较低的力学性能，促使国内外广大学者们对这类复合材料的力学高性能化进行了不断的探索研究。

已有的相关研究大多从植物纤维与树脂基体之间较弱的界面性能入手，改善植物纤维与聚合物基体的结合，从而提升层间的各种性能。也有学者根据植物纤维本身多层次、多尺度的结构特点，通过构建多层次的复合材料损伤模式，提升复合材料的力学性能。采用与力学性能优异的人工纤维混杂也是一种大幅增加复合材料力学性能的方法。

5.2.1 纤维表面处理改性

众所周知，复合材料中纤维和树脂的界面对于材料整体的物理和力学性能起着重要的作用。植物纤维由于表面的羟基呈亲水性，这使得它们与多数疏水的聚合物基体间的界面结合较差。同时，植物纤维的亲水性也使得其成型为复合材料后容易吸水加速老化，间接导致各种力学性能下降。因此，对纤维表面进行合适的处理，可以使得纤维与基体更好地浸润，界面结合更良好，从而提升复合材料的力学性能。通常所用的纤维表面处理方法包括物理处理方法与化学处理方法，能够有效改性植物纤维增强复合材料的界面性能，从而提升复合材料整体的力学性能，这部分内容已在第四章介绍，此处不再赘述。

5.2.2 植物纤维空腔内部树脂填充量对力学性能的影响

通过实验方法的设计，可以控制 RTM 方法成型的剑麻纤维/环氧树脂的复合材料中植物纤维空腔内部树脂的含量（表 5-1）。静态力学性能的比较结果显示，随着空腔中树脂填充比例的增加，复合材料的拉伸强度及断裂延伸率有着显著的提升（图 5-1）。拉伸破坏的形貌显示，没有树脂填充的细胞微纤丝将会在破坏的过程中更容易被拔出发生撕裂破坏，而树脂填充到纤维空腔内部能有效保护植物纤维细胞 S_2 层中微纤丝，细胞壁的断裂较为平整，同时树脂在空腔内部能有效地将纤维所受到的应力传递到 S_2 层中微纤丝，从而有效地保护纤维，使其增强复合材料的断裂延伸率明显提升。同时当纤维空腔被树脂填充后，空腔存在所引起的应力集中影响将会大大减小，从而使复合材料的力学性能得到提升。内部空腔填充树脂后的破坏机理与微观形貌如图 5-2 所示。复合材料的冲击韧性也随着树脂填充的比例得到了较大的提升，并且纤维内部空腔树脂填充比例更大的复合材料在受到冲击载荷时所吸收的能量也更多。因此，在成型过程中，设法使得纤维内部空腔尽可能地浸润树脂将会改善其复合材料的静态与动态力学性能[1]。

表 5-1 不同复合材料的基本参数

基本参数	VIFC 0.3	AIFC 0.3	AIFC 0.1
复合材料重量增加分数（%）	0	2.52	10.26
树脂重量含量（%）	48.45	49.72	53.25
纤维重量含量（%）	51.55	50.28	46.75
树脂增加体积含量（%）	0	2.35	9.58
空腔被树脂填充比例（%）	0	15.84	64.50

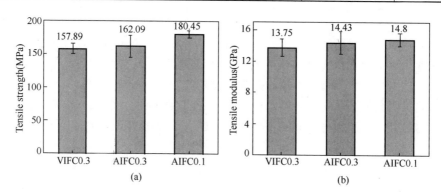

图 5-1 不同空腔树脂填充量的复合材料的拉伸性能
（a）拉伸强度；（b）拉伸模量[1]

5.2.3 纳米尺度上复合材料的力学性能改性

植物纤维自身具有多层次、多尺度的结构特性，且最小的结构单元为纳米尺度。因此，考虑采用纳米尺度的材料改性植物纤维增强复合材料，以期这些纳米尺度的材料与植物纤维最小的纳米尺度结构产生协同作用。

采用碳纳米管改性是所作出的一种有效的尝试。图 5-3 为将碳纳米管通过微射流高速剪切的方式分散到树脂基体并制备复合材料的过程示意图。通过这种方式改性基体所带来的复合材料层间剪切强度提升效果如图 5-4 所示，当碳纳米管含量为 0.3% 时，复合材料的层间剪切强度获得明显提升。

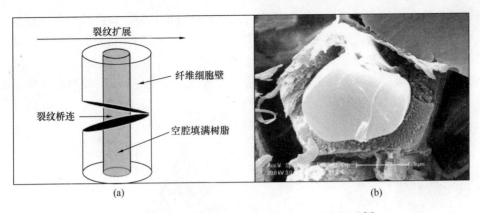

图 5-2　纤维内部填充树脂后破坏机理与微观形貌[1]

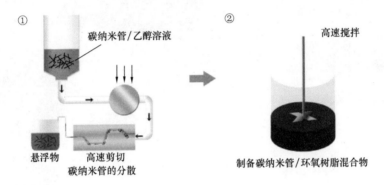

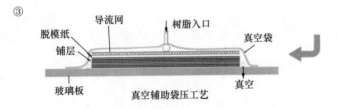

图 5-3　碳纳米管改性树脂基体并制备复合材料的过程示意图

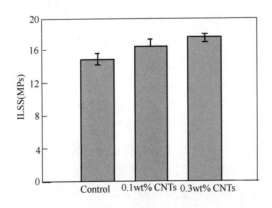

图 5-4　碳纳米管改性基体对复合材料 ILSS 的影响

    将碳纳米管直接加入到基体中，然后通过传统的纤维增强复合材料成型方法制备三相多尺度复合材料的方法简便，适用于标准化生产，然而这一方法的弊端是即使较低含量的碳纳米管都能使树脂黏度急剧增加，影响成型工艺和材料性能的稳定。因此，Li 等将羧基化的碳纳米管通过微射流设备以高速剪切的方式均匀分散在挥发性溶剂中并喷射在纤维表面，之后通过 VA-RTM 成型，方法如图 5-5 所示[2]。

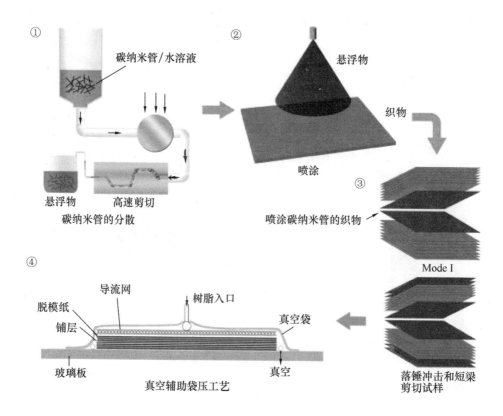

图 5-5　碳纳米管改性纤维的亚麻/环氧复合材料制备过程示意图[2]

    羧基化后的碳纳米管恰恰与植物纤维表面的羟基产生较强的作用，并且同为纳米尺度的碳纳米管与植物纤维的微纤丝产生缠绕作用。此外，成型后的复合材料中发现有纳米管刺入纤维的现象，这使得纤维与基体间的结合力大大增强，纤维与基体间的应力传递得到改善。同时碳纳米管的加入使得纤维与其复合材料的模量得到提升。在碳纳米管分散良好的前提下，复合材料的Ⅰ型断裂韧性与层间剪切强度均随着碳纳米管含量的增加而提升。而落锤冲击的结果也显示相同条件下，复合材料受到冲击后的损伤面积随着碳纳米管含量的增加而减小[2]。

    碳纳米管改性复合材料的局限性在于其含量提升与分散性间的矛盾。实验结果显示当碳纳米管含量达到 2% 后，团聚现象明显，力学性能不升反降。将碳纳米管制成微米级厚度的巴基纸（buckypaper，BP）后插层在复合材料层合板层间可以大大提升碳纳米管的含量。巴基纸的制备及加入到复合材料中的方法如图 5-6 所示[3]。使用该方法可以进一步提升复合材料制品的层间性能与冲击性能。

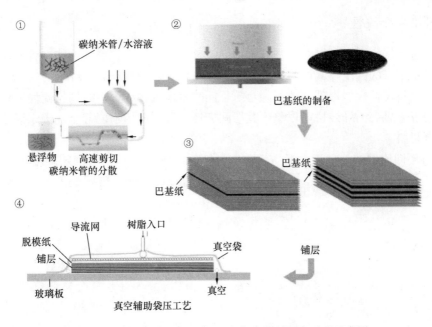

图 5-6　BP 层间改性的亚麻/环氧复合材料制备过程示意图

5.2.4　短纤维层间插层改性

使用碳纳米管可以大大改善植物纤维与基体间的结合，提升复合材料的层间性能，然而这种改性方法牺牲了一部分生物质复合材料的环保性，而且植物纤维与碳纳米管力学性能差异巨大，且相容性差。因此，Li 等采用亚麻短纤维加入到植物纤维增强复合材料层间制备层合板，复合材料力学性能得到了一定的提升[4]。将亚麻纱线切割成一定长度，方向随机地加入到单向亚麻织物增强环氧复合材料层合板的层间，得到的材料对比未改性的材料 I 型层间断裂韧性提升 31%。短纤维的加入改变了裂纹扩展的路径，一些裂纹扩展的途径变得更加曲折，而有些裂纹甚至穿过层间，短纤维与纤维织物都出现纤维桥连现象，这些都对裂纹的扩展起到了一定的阻碍作用，使得分层破坏需要耗散更多的能量，其示意图如图 5-7 所示。与此同时，层间性能的提升并未造成面内性能和冲击性能的下降。但需要注意，短纤维的长度与含量需要谨慎选取，过长或者过量的短纤维都会造成裂纹扩展的不稳定从而影响其力学性能。

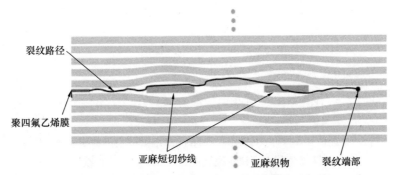

图 5-7　短纤维改性后对裂纹扩展路径影响示意图

5.2.5　纤维混杂改性

微观的各种优化手段可以对植物纤维增强复合材料的界面、层间性能进行改性，但是受限于植物纤维本身的强度，其面内性能很难大幅度提升，通过与人工纤维混杂后制成复合材料，不仅可以将拉伸性能提到一个新的台阶，同时发现植物纤维的结构特性使得它与人工纤维混杂后会发生显著的纤维桥连现象，其层间韧性与层间剪切强度甚至优于未混杂的人工纤维增强复合材料。

Li 等将不同比例的单向亚麻织物与单向玻璃纤维织物按不同的铺层顺序进行混杂铺层后与酚醛树脂基体热压成型[5]。力学性能测试结果显示不同的铺层顺序的复合材料模量都遵循着混合定律，而强度则可由公式（5-1）预测。

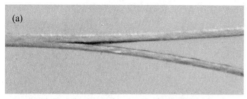
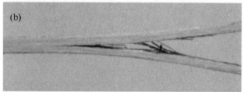

$$\sigma_{HT} = (1 - V_m)\varepsilon_h(E_g V_g + E_f V_f) \quad (5\text{-}1)$$

该公式是基于拉伸破坏应力的混杂效应得到，其中 σ_{HT} 为混杂复合材料拉伸强度，E_g 和 V_g 分别为玻璃纤维拉伸模量和玻璃纤维的相对纤维体积含量，而 E_f 和 V_f 则为亚麻纤维拉伸模量和亚麻纤维的相对纤维体积含量，ε_h 是混杂后复合材料的拉伸破坏应变，由混杂前各自复合材料的拉伸破坏应变通过混杂定律得到，V_m 是基体的体积分数。

亚麻纤维粗糙的表面及打捻的特性使得混杂后的复合材料在发生层间破坏时有显著的桥连现象，产生了新的破坏机理，如图 5-8 所示。这大大改善了混杂复合材料的层间性能，使得混杂后的材料层间剪切强度和 I 型层间断裂韧性都优于混杂前各自的复合材料（图 5-9）[5]。

图 5-8　层间破坏机理模式图

（a）玻璃纤维增强复合材料；（b）亚麻纤维增强复合材料；（c）混杂纤维增强复合材料

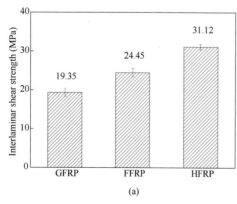
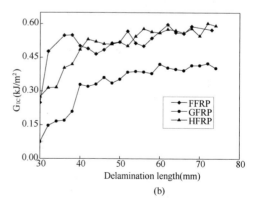

(a)　　　　　　　　　　　(b)

图 5-9　三种复合材料（GFRP、FFRP 和 HFRP）层间剪切强度比较和
I 型层间断裂韧性裂纹长度-应变能释放率曲线

（a）三种复合材料层间剪切强度比较；（b）I 型层间断裂韧性裂纹长度-应变能释放率曲线

5.3　植物纤维增强复合材料的声学性能

随着航空航天、车辆运输以及公共建筑等行业的发展，噪声污染日益成为人们热切关注与亟待解决的重要问题，并成为全球范围内仅次于废水、废气的世界第三大污染，严重影响着人们的身心健康。因此，研制具备良好吸声降噪性能的材料与结构成为材料与声学工作者们共同关注的焦点。植物纤维具有质轻、价廉、低碳环保等优点，此外，纤维自身的中空空腔结构，使声波在传播过程中更容易发生能量耗散而吸收声能，这使得其具有作为良好吸声降噪材料的潜质而拥有更广阔的应用前景[6]。

5.3.1　植物纤维吸声性能研究

最早使用的纤维吸声材料是石棉材料，但是石棉絮容易被人体吸入而损害呼吸系统，所以后来为了提高安全性开始发展人工合成纤维。经过多年的研究与发展，合成纤维使用安全性确实得到提高，而且合成纤维的类别也丰富多样，但是其最大的缺点是废品难以降解，大量的使用势必给环境带来沉重的负担。因此，近年来，随着人们环保意识的增强，科学家将注意力转移到了天然纤维上来，其低碳环保、天然降解、价格低廉的优点得到了很好的发挥。同时，天然纤维作为多孔材料，其良好的吸声潜能也吸引了建筑师与声学工程师的广泛关注[7,8]。

Li 等从天然纤维及其织物入手，对苎麻、黄麻及亚麻三种天然纤维平纹织物进行了吸声特性的研究，并且分别与合成纤维玻纤进行了对比[6]。图 5-10 给出了四种织物材料在声波垂直入射时的吸声系数与频率的关系。可以看出，所有纤维的吸声系数均随着频率的增大而提高，这是因为高频声波波长更短，更易于在层间发生反射与透射，这就会导致更多的声能被纤维所消耗，因此，材料的吸声能力就更强。此外，还可看出，在测试频段 50～6000Hz 内，天然纤维具有优秀的吸声性能。从图中可看出，当声波频率达到 500Hz 后，天然纤维织物的吸声系数均高于 0.5，即超过 50％的入射声能被织物结构吸收。当频段超过 1000Hz 时，可明显看

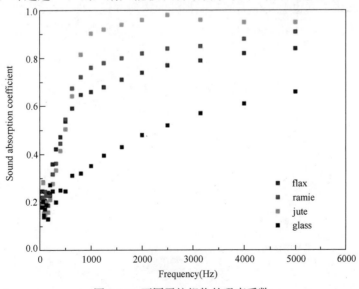

图 5-10　不同平纹织物的吸声系数

到不同纤维吸声系数的差异，其中，黄麻纤维垂直入射吸声系数最高，接近于 1.0。在此基础上，提出临界吸声频率的概念。临界吸声频率是指，当材料的吸声系数在达到某个声波频率后，其吸声系数将达到一个峰值并趋于平稳，此时的入射声波频率即为临界吸声频率。当声波频率超过材料临界频率后，其吸声性能变化不大。表 5-2 列出了四种织物材料的吸声临界频率，并与传统吸声材料进行了对比。可以看出，天然纤维，尤其是黄麻纤维的最大吸声系数都达到了 0.8 以上，比玻纤材料要大很多；同时，其临界吸声频率相较玻纤要小，其中，黄麻的临界吸声频率只有 1250Hz。这意味着，天然纤维不但具有更突出的吸声性能，其有效吸声频率范围更广。这充分体现了天然纤维作为吸声材料的优秀潜能。

表 5-2　不同材料的临界频率及最大吸声系数[8]

纤维类别	临界频率（Hz）	最大吸声系数
苎麻	3150	0.85
亚麻	4000	0.82
黄麻	1250	0.92
玻纤	>5000	—
工业毛毡[8]	1000	0.6
矿渣棉[8]	1000	0.95
聚氯乙烯泡沫[8]	2000	0.73

天然纤维的吸声性能优于碳纤、玻纤等传统合成纤维，其主要原因一方面是天然纤维具有中空的空腔结构，这使得纤维材料内部的空隙更多，当声波入射到纤维多孔材料表面时可进入细孔中去，引起空隙内的空气与材料本身的振动，从而使相邻质点间产生了相互作用的粘滞阻力或内摩擦力，空气的摩擦和粘滞作用使振动动能（声能）不断转化为热能，从而使声波衰减，消耗一部分声能[9]。另一方面，天然纤维具有多尺度结构的特点，纤维内部具有微米甚至纳米级的微纤维，而玻纤与碳纤是实心的微米量级纤维。当声波进入纤维材料内部时，不仅单根天然纤维之间可以损耗声能，同时由于单根纤维内部纳米级微纤维的存在，在更小的尺度下微纤维之间也会发生类似声能损耗的物理过程，即微纤维之间热传导作用以及纤维自身振动耗散声能，达到更好的吸声效果。植物纤维吸声机理的示意图如图 5-11 所示。

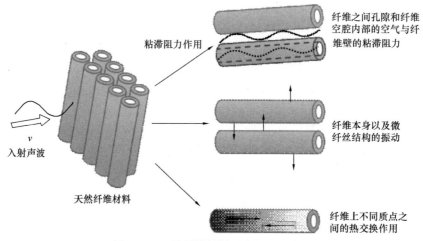

图 5-11　天然纤维材料吸声机理示意图

5.3.2 植物纤维增强复合材料吸隔声性能研究

N. E. Hajj，B. M. Mamboundou 等[10]通过对亚麻短纤维进行处理（"Lin-K"方法），使其纤维形成自连。使用"Lin-K"处理方法，使纤维表面包覆了一层有机胶质，并且在纤维之间产生桥连。这种材料具有较高的孔隙率和低密度的特点，因此其吸声性能较为优异。同时发现，10mm长亚麻纤维制成的复合材料的吸声系数，在全频率段比2mm长亚麻纤维复合材料高16%左右。另外，在全频率段上两种复合材料的吸声系数都超过0.5，是优秀的吸声材料。J. Zhao 和 X. M. Wang 等[11]研究了木质纤维增强橡胶复合材料的隔声性能。结果表明，该天然纤维复合材料具有良好的隔声性能。此外，复合材料中的橡胶颗粒尺寸对其隔声性能有一定影响，随着颗粒直径的增大，复合材料的隔声量在中低频段均有所提高，这是由于尺寸较大的橡胶颗粒阻碍了声波在材料中的传播。同时，随着橡胶粘结剂 PMDI 含量的增加，隔声量在所测频段内都有明显的提升。这是因为当粘结剂含量提高时，橡胶颗粒与木质纤维之间的界面性能将得到改善，并极大地降低了复合材料的孔隙率，使其隔声性能得到提高。Dakai Chen 等[12]研究了苎麻纤维增强 PLLA 复合材料的吸声性能，其结果表明，由于苎麻织物制成的复合材料（FAB/PLLA）纤维排布紧凑，入射声波更容易被反射；而短纤维复合材料（FIB/PLLA）中，纤维的取向均匀分布，因此孔隙更多并彼此连通，有利于声能的吸收。

Li 等也对天然纤维增强复合材料的吸声与隔声性能进行了研究，比较了天然纤维与合成纤维玻纤及碳纤复合材料的声学特性，分析了不同因素对天然纤维增强复合材料吸、隔声性能的影响[6,14]。图5-12比较了苎麻纤维、黄麻纤维、亚麻纤维以及碳纤和玻纤增强环氧树脂复合材料的吸声性能曲线，可以看出，与传统人工纤维（玻纤及碳纤）相比，植物纤维（苎麻纤维、黄麻纤维与亚麻纤维）增强复合材料的吸声系数较高，尤其在高频段体现出优异的吸声特性，其中黄麻纤维的吸声性能最为优异。这与植物纤维本身优异的吸声性能直接相关。

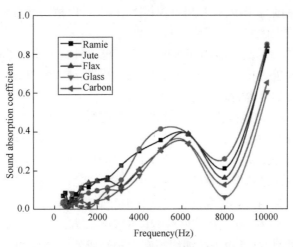

图5-12 苎麻（Ramie）纤维、黄麻（Jute）纤维及亚麻纤维（Flax）与玻璃（Glass）纤维及
碳纤（Carbon）增强复合材料的吸声性能

图 5-13 所示为植物纤维增强复合材料隔声量曲线以及与人工纤维增强复合材料的比较。可以看出，植物纤维增强复合材料具有良好的隔声性能，优于玻纤与碳纤增强复合材料，其中苎麻纤维增强复合材料的隔声性能最好，尤其在高频段下，苎麻纤维增强复合材料的隔声量接近 40dB，而玻纤与碳纤增强复合材料的隔声量在 30dB 左右；平均隔声量苎麻纤维增强复合材料达到 24.87dB，是作为隔声材料的理想选择。亚麻纤维增强复合材料次之，黄麻纤维增强复合材料的隔声性能则相对较差。

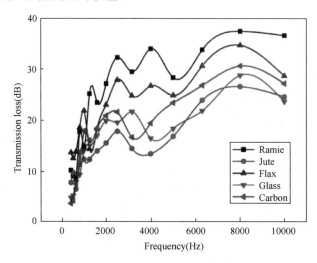

图 5-13 苎麻（Ramie）纤维、黄麻（Jute）纤维、亚麻（Flax）纤维及玻璃（Glass）纤维和
碳纤（Carbon）增强复合材料的隔声性能

5.3.3 植物纤维复合材料吸声降噪结构研究

纤维增强复合材料作为面板的夹芯结构，具有较优异的力学性能、轻质、良好的吸声、隔热性能等特点，被逐渐应用于材料结构设计中。因此，以植物纤维增强复合材料为面板的蜂窝夹芯结构，具有成为优秀吸声降噪结构的潜力。

Li 等采用天然纤维与蜂窝夹芯制作吸声降噪结构，研究了蜂窝芯材在夹芯结构吸声过程中所起到的作用，并进一步探究了复合材料面板对夹芯结构整体的吸声、隔声的影响，得到具有优化的声学特性的复合材料夹芯结构[13,14]。

图 5-14 为具有相同厚度的蜂窝夹芯结构与层合板结构的吸声系数的比较，夹芯结构面板和层合板都为苎麻纤维增强环氧复合材料。可以发现，在相同厚度的条件下，夹芯结构的吸声性能明显优于层合板结构，在不同频率下，夹芯结构的吸声系数比层合板高出 50% 以上。这说明，在蜂窝夹芯结构吸收声能的过程中，蜂窝芯材所起到的作用十分明显。在夹芯结构中，同苎麻纤维面板相比，蜂窝芯材对其吸声性能的贡献更大。

图 5-15 为选用 5、36 和 60 支数苎麻纱线以正交排布方式制成的复合材料增强面板的夹芯结构的吸声系数，并将 60 支数平纹编织苎麻织物制成的层合板的吸声系数作为比较。结果表明，随着纱线支数的增加，夹芯结构的吸声系数下降。此外，同层合板结构相比，蜂窝夹芯结构具有更优异的吸声性能。

图 5-16 给出了玻纤/天然纤维混杂增强复合材料夹芯结构的吸声系数。观察发现，不同

纤维织物的铺层顺序将带来不同的吸声性能。天然纤维作为外层结构，玻纤作为内层结构的夹芯结构面板的吸声性能较好。在此研究的基础上，提出了混杂复合材料夹芯结构吸声设计方案，如图 5-17 所示。当天然纤维作为外层结构时，由于其较低的流阻和特征阻抗，更多的声能将会透射进入夹芯结构中；同时，由于蜂窝芯材两侧是玻纤这种具有较大流阻和特征阻抗的材料，因此，进入蜂窝芯材的这部分声能将较难透射出蜂窝芯材，从

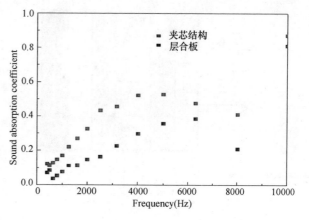

图 5-14　夹芯结构与层合板吸声系数比较

而有效地提升了蜂窝芯材的吸声效率，提高了夹芯结构整体的吸声性能。因此，将流阻和特征阻抗较小的材料作为外层的铺层方法能够有效地提高夹芯结构的吸声性能。

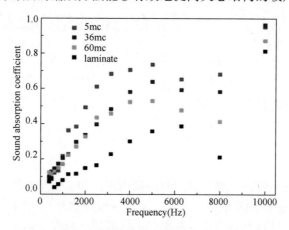

图 5-15　不同支数苎麻纤维增强夹芯结构吸声系数

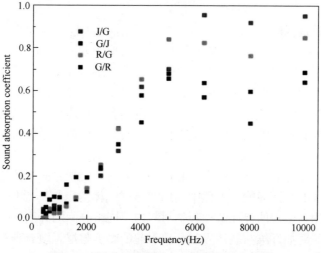

图 5-16　混杂纤维增强夹芯结构的吸声系数

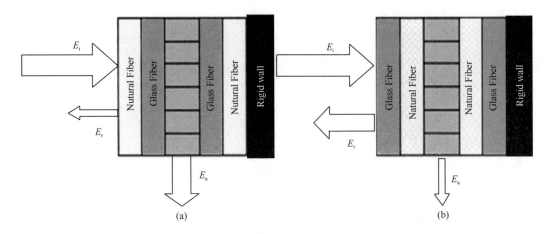

图 5-17　不同铺层顺序夹芯结构的声能吸收情况

（a）天然纤维在外层的夹芯结构；（b）玻纤在外层的夹芯结构

5.4　植物纤维增强复合材料的结构阻尼性能

高性能的纤维增强复合材料在应用中带来高结构刚度的同时，也因其较弱的阻尼性能产生大量的结构振动和噪声。复合材料的阻尼不但在控制结构的振动和噪声方面，而且在延长结构循环载荷和冲击的服役时间方面扮演着重要的角色。振动和噪声限制机械设备性能的提高，严重破坏机械设备运行的稳定性和可靠性，并污染环境，危害人们的身心健康，因此研制出新型高阻尼结构-功能一体化的材料，无论是对民用还是军工高科技领域均具有重要的战略意义[15]。

结构阻尼复合材料是兼具了黏弹性材料的高阻尼性和结构材料的高强度高刚度的新型结构-功能一体化材料。根据基体不同可分为金属基和聚合物基结构阻尼复合材料。聚合物基结构阻尼复合材料是用纤维增强高阻尼聚合物形成的复合材料。由于纤维增强复合材料的阻尼是金属材料的几十倍到几百倍，同时又有良好的比刚度和比强度，因此越来越引起人们的关注。

阻尼作用的本质是将机械振动的能量转变成可以损耗的能量从而实现减振。根据引起能量耗散的机理不同分为四类：内摩擦生热；界面摩擦生热；能量的传输；能量的其他转换[16]。对于纤维增强聚合物基复合材料的阻尼机理主要有以下几点[15,17]：

（1）基体和纤维增强材料的内摩擦引起的能量损耗。一般来讲，复合材料的阻尼主要来自于树脂基体。玻璃纤维、芳纶纤维作为增强相也具有较好的内摩擦阻尼性能，此外插层复合材料中，如果插入黏弹性阻尼材料或热塑性纤维或薄膜材料，也可通过分子链运动消耗更多的能量。

（2）界面摩擦生热耗能。这包括宏观和微观两方面，宏观界面摩擦包括材料与其他材料或介质相对运动造成的摩擦耗能。工程中利用液体或气体的摩擦能够使振动能转变为热能，从而表现出阻尼作用。微观的界面摩擦包括材料内不同组分间的界面区由于存在高剪切应变而引起的能量损耗。譬如纤维与基体界面分层引起的摩擦阻尼，填充颗粒与基体或纤维间接触面的摩擦阻尼等。

（3）由材料破坏引起的阻尼。由于基体开裂和纤维或插层材料断裂拔出的能量耗散引起的阻尼。

（4）能量的其他转换。例如，智能阻尼材料存在机械能与电能的转换（压电阻尼材料）、机械能和化学能的转换（可逆氢键耗能阻尼材料）、机械能和磁能的转换等引起的阻尼损耗（稀土永磁阻尼材料）。

通常阻尼复合材料设计就是利用基体内耗、增强体内耗以及界面内耗三种微观机制，把振动能吸收并转化为其他形式的能量而消耗，从而减小机械振动和降低噪声[18]。不同的内耗机制对应着不同的阻尼改性方法，常见的基体改性主要有溶液或机械共混、嵌段和接枝共聚、互穿网络高聚物等方法[19]，但以上改性方法都不同程度地降低了聚合物基体的强度等力学性能。此外，通过添加碳纳米管等纳米尺度的颗粒，从而引入大量界面，利用界面内耗机制来提升复合材料的阻尼性能也是一个有效的改性方法[20]。

植物纤维增强复合材料具有比强度和比模量高、隔热吸声、绿色环保、可生物降解和回收等诸多优点，已被应用于航空、汽车、建筑和体育等领域。另外植物纤维具有独特中空的多层次、多尺度结构，相比于传统合成纤维，它通过纤维内部微纤丝的滑移摩擦而损耗更多的能量，其次植物纤维表面粗糙度也远远大于玻纤、碳纤[21]，从而提高了界面摩擦生热耗能的效率，这些都使得植物纤维增强复合材料具有更加优良的阻尼性能，目前已开始应用于体育装备领域，如网球拍、自行车车架和滑雪板等[22]。

5.4.1 植物纤维增强复合材料阻尼性能研究

Luca Di Landro 等人[23]研究了大麻纤维增强生物基环氧树脂复合材料的振动阻尼性能，通过共振驻留法测得大麻纤维增强复合材料层合板的阻尼性能相对于玻璃纤维增强复合材料具有非常明显的优势，其阻尼因子在 0.015～0.025 之间。参考 Roger M. Crane、El Mahi A 等人的研究结果[24,25]，玻璃纤维增强复合材料的阻尼因子则在 0.005～0.015 范围内。Duc F 等人[26]分别研究了单向和斜纹编织的亚麻纤维增强热固性环氧以及热塑性聚丙烯、聚乳酸复合材料的力学和阻尼性能，并与相同织物形式和体积含量的玻璃纤维、碳纤维增强复合材料进行对比。实验研究表明，在较低振动频率及基体玻璃化转变温度以上时，亚麻纤维增强聚丙烯复合材料的阻尼性能主要由基体主导，因为此时高分子聚合物基体内部会产生更多的松弛过程；而在玻璃化转变温度之下，能量的耗散主要来自于纤维内部微纤丝之间滑移摩擦以及纤维与基体的相互作用。从纤维耗散能量的角度来说，相比于人工纤维，植物纤维的多尺度、多层次结构更具有优势，在 1Hz 频率下，25℃时，亚麻纤维增强复合材料的损耗因子比玻纤增强复合材料提高了近一倍。Yan 等人[27]研究了亚麻纤维增强环氧复合材料管的阻尼性能，发现虽然随着复合材料管尺寸的增加，材料的阻尼系数有所降低，但所有的亚麻纤维增强复合材料管的阻尼系数都处于比较高的水平，并建议这种植物纤维增强复合材料可用于制备汽车用吸能的结构件和建筑基础设施。

5.4.2 表面处理对植物纤维增强复合材料阻尼性能的影响

植物纤维由于表面含有大量的羟基，从而具有很强的亲水性，而常见的树脂基体都为憎水性，因而它们之间直接结合的界面很弱，所以在制备植物纤维增强复合材料之前一般都会对植物纤维表面进行化学处理。

碱处理是一种常见的处理植物纤维的改性方法，通过它可以改善植物纤维与树脂基体间较弱的结合界面，而提高植物纤维增强复合材料的力学性能。然而界面优化对材料的阻尼性能有时并不能起到积极的效果，当纤维与基体间的结合力很强时，会限制界面摩擦生热，减小能量损耗，从而降低复合材料的阻尼性能。Yan L[28]研究了碱处理对亚麻纤维增强复合材料力学性能和阻尼性能的影响，当碱处理浓度和时间分别为 5wt％和 30min 时，由于界面的改善，复合材料的压缩和剪切强度、模量都得到了提高，然而阻尼系数却从 1.29％降到 1.17％。通过 SEM 表征发现，碱处理过的复合材料的阻尼系数下降的主要原因是碱处理使得界面结合更好，而未处理过的复合材料界面中有更多的孔洞和缝隙。振动中由于界面中纤维和基体的内部摩擦，更多的能量耗散，因此具有更高的阻尼系数。Misra R K 等人[29]关于碱处理对黄麻、椰壳纤维增强复合材料力学行为的研究也进一步证实了这一结论。

5.4.3 混杂纤维增强复合材料的阻尼性能研究

通过纤维混杂设计，利用多种阻尼耗散机制，实现复合材料刚度与阻尼性能的平衡是结构-阻尼一体化复合材料的研究热点之一。

K Senthil Kumar 等人[30]将椰纤维与剑麻纤维混杂制备复合材料，通过自由振动试验，发现混杂纤维增强复合材料的一阶、二阶固有频率相比于纯椰纤维与剑麻纤维复合材料都有所提高。Uthayakumar M[31]研究香蕉纤维增强聚酯复合材料中添加红泥颗粒（$4\sim13\mu m$）后力学性能和阻尼性能的变化，研究表明红泥颗粒长度在 $4\mu m$ 含量在 8wt％时，复合材料的拉伸强度得到 50％的提升，而通过自由振动试验发现，当红泥尺寸（$13\mu m$）过大时，其与聚酯基体间结合和分散状态较差，复合材料的刚度下降，从而材料的一阶共振频率和阻尼因子都有所降低，而红泥尺寸为 $4\sim6\mu m$ 时，复合材料的阻尼性能得到明显提高，当红泥颗粒含量为 8wt％，长度为 $6\mu m$ 时，阻尼因子达到了最高值 0.11（未加红泥颗粒为 0.03）。

参考文献

[1] Yan Li，Hao Ma，Yiou Shen，Qian Li，Zhuoyuan Zheng. Effects of resin inside fiber lumen on the mechanical properties of sisal fiber reinforced composites[J]. Composites Science and Technology，2015，108：32-40.

[2] Yan Li，Chaozhong Chen，Jie Xu，Zhongsen. Zhang，Bingyan Yuan，Xiaolei Huang. Improved mechanical properties of carbon nanotubes-coated flax fiber reinforced composites[J]. Journal of Materials Science，2015，50(3)：1117-1128.

[3] Chaozhong Chen，Yan Li，Tao Yu. Interlaminar toughening in flax fiber-reinforced composites interleaved with carbon nanotube buckypaper[J]. Journal of Reinforced Plastics and Composites. 2014，33(20)：1859-1868.

[4] Yan Li，Di Wang，Hao Ma. Improving interlaminar fracture toughness of flax fiber/epoxy composites with chopped flax yarn interleaving [J]. Science China Technological Science，2015，58（10）：1745-1752.

[5] Yongli Zhang，Yan Li，Hao Ma，Tao Yu. Tensile and interfacial properties of unidirectional flax/glass fiber reinforced hybrid composites[J]. Composites Science and Technology，2013，88：172-177.

[6] Weidong Yang，Yan Li. Sound absorption performance of natural fibers and their composites[J]. Science China Technological Sciences，2012，55(8)：2278-2283.

[7]   David J. Oldham，Christopher A. Egan，Richard D. Cookson. Sustainable acoustic absorbers from the biomass[J]. Appl Acoust, 2011, 72：350-363.

[8]   钟祥璋. 吸声材料进展[J]. 绿色建筑与建筑物理，2004.

[9]   Lee Y E, Joo C W. Sound absorption properties of thermally bonded nonwovens based on composing fibers and production parameters[J]. Journal of applied polymer science, 2004, 92(4): 2295-2302.

[10]   N. E. Hajj, B. M. Mamboundou, R. M. Dheilly, M. Benzeggagh, M. Queneudec. Development of thermal insulating and sound absorbing agro-sourced materials[J]. Industrial Crops and Products, 2011, 34: 921-928.

[11]   J. Zhao, X. -M. Wang, J. M. Chang, et al. Sound insulation property of wood-waste tire rubber composite[J]. Composites Science and Technology, 2010, 70: 2033-2038.

[12]   Dakai Chen, Jing Li, Jie Ren. Study on sound absorption property of ramie fiber reinforced poly(L-lactic acid) composites-Morphology and properties[J]. Composites：Part A, 2010, 41: 1012-1018.

[13]   W. D. Yang, Z. Y. Zheng, and Y. Li. Acoustic properties of Natural Fiber Reinforced Sandwich Structures[C]. 8th Asian-Australasian Conference on Composite Materials.

[14]   Z. Y. Zheng, Y. Li and W. D. Yang. Sound Absorption Properties of Natural Fiber Reinforced Sandwich Structures Based on the Fabric Structures[J]. Journal of Reinforced Plastics and Composites, 2013, 32(20): 1561-1568.

[15]   田农，薛忠民，陈淳，等. 纤维增强聚合物基复合材料阻尼性能的研究进展[J]. 玻璃钢/复合材料，2009 (1): 85-88.

[16]   张忠明，刘宏昭，王锦程，等. 材料阻尼及阻尼材料的研究进展[J]. 功能材料，2001, 32(3): 227-230.

[17]   倪楠楠，温月芳，贺德龙，等. 结构-阻尼复合材料研究进展[J]. 材料工程，2015, 43(6): 90-101.

[18]   Suhr, J. and N. A. Koratkar, Energy dissipation in carbon nanotube composites: a review[J]. Journal of Materials Science, 2008. 43(13): 4370-4382.

[19]   常冠军. 粘弹性阻尼材料[M]. 国防工业出版社，2012.

[20]   Zhou X, Shin E, Wang K W, et al. Interfacial damping characteristics of carbon nanotube-based composites[J]. Composites Science and Technology, 2004, 64(15): 2425-2437.

[21]   Le Duigou A, Bourmaud A, Balnois E, et al. Improving the interfacial properties between flax fibres and PLLA by a water fibre treatment and drying cycle[J]. Industrial Crops and Products, 2012, 39: 31-39.

[22]   Verpoest I, Baets J, Acker JV, Lilholt H, Hugues M, Baley C, et al. Flax and Hempfibres: a natural solution for the composite industry[C]. JEC Compos 2012.

[23]   Luca Di Landro, Janszen G. Composites with hemp reinforcement and bio-based epoxy matrix[J]. Composites Part B: Engineering, 2014, 67: 220-226.

[24]   Roger M. Crane, Gillespie J W. Characterization of the vibration damping loss factor of glass and graphite fiber composites[J]. Composites Science and Technology, 1991, 40(4): 355-375.

[25]   El Mahi A, Assarar M, Sefrani Y, et al. Damping analysis of orthotropic composite materials and laminates[J]. Composites Part B: Engineering, 2008, 39(7): 1069-1076.

[26]   Duc F, Bourban P E, Plummer C J G, et al. Damping of thermoset and thermoplastic flax fibre composites[J]. Composites Part A: Applied Science and Manufacturing, 2014, 64: 115-123.

[27]   Yan L, Chouw N, Jayaraman K. On energy absorption capacity, flexural and dynamic properties of flax/epoxy composite tubes[J]. Fibers and Polymers, 2014, 15(6): 1270-1277.

[28]   Yan L. Effect of alkali treatment on vibration characteristics and mechanical properties of natural fabric

reinforced composites[J]. Journal of Reinforced Plastics and Composites, 2012, 31(13): 887-896.

[29] Misra R K, Saw S K, Datta C. The influence of fiber treatment on the mechanical behavior of jute-coir reinforced epoxy resin hybrid composite plate[J]. Mechanics of Advanced Materials and Structures, 2011, 18(6): 431-445.

[30] Kumar K S, Siva I, Rajini N, et al. Tensile, impact, and vibration properties of coconut sheath/sisal hybrid composites: Effect of stacking sequence [J]. Journal of Reinforced Plastics and Composites, 2014.

[31] Uthayakumar M, Manikandan V, Rajini N, et al. Influence of redmud on the mechanical, damping and chemical resistance properties of banana/polyester hybrid composites[J]. Materials & Design, 2014, 64: 270-279.

6　生物质复合材料的阻燃性和热稳定性

6.1　引　言

随着人们对环境保护和资源危机的日益重视，生物质复合材料越来越受到人们的青睐。从 20 世纪 90 年代开始，植物纤维增强树脂基复合材料在许多领域开始取代玻璃纤维或碳纤维增强复合材料。然而，与玻璃纤维和碳纤维相比，天然植物纤维的热稳定性要低得多，且极易燃烧，放出大量热。近年来报道的火灾有相当大的一部分是由于天然纤维的易燃性所致。因此，在不降低天然纤维增强树脂基复合材料力学性能的情况下，提高其热稳定性和阻燃性是受关注的焦点问题之一。

生物质复合材料的热稳定性和阻燃性的改善可以采用不同的策略，包括植物纤维的表面修饰、在树脂中添加阻燃剂、使用本征阻燃的树脂等[1,2]。

6.2　植物纤维及其复合材料的热氧化降解与燃烧

植物纤维由纤维素、半纤维素、木质素和脂肪蜡质等组成，典型植物纤维的主要化学成分见表 6-1，其中对其力学性能贡献最大的纤维素占绝大部分。纤维素是由 D-葡萄糖以 β-1，4 糖苷键组成的大分子多糖，其分子结构如图 6-1 所示。

表 6-1　典型植物纤维的主要化学成分[3]

Natural fibers	Cellulose (wt%)	Hemi-cellulose (wt%)	Pektin (wt%)	Lignin (wt%)	Water soluble (wt%)	Wax (wt%)	Water (wt%)
Ramie	68.6	13.1	1.9	0.6	5.5	0.3	10.0
Cotton	82.7	5.7	5.7	—	1.0	0.6	10.0

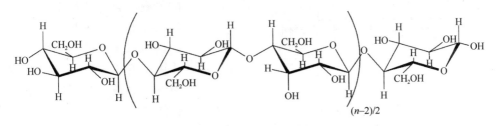

图 6-1　纤维素的化学结构

典型植物纤维的热失重曲线如图 6-2 所示，半纤维素在 200~250℃即可分解，纤维素则在 300~400℃分解且很快达到最大热失重，600℃时的残炭量几乎为零，显示出低的热稳定性能[4]。而且，植物纤维的极限氧指数约为 19.0%[5]，易于燃烧，且引燃后火焰传播速

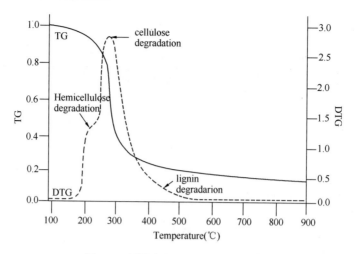

图 6-2　纤维素纤维的热失重曲线[6]

度快。

　　纤维素纤维的燃烧是相当复杂的过程，如图 6-3 所示。一般认为，纤维素受热后，开始发生裂解，首先在低温下（300～400℃），发生纤维素脱水炭化与解聚相互竞争的过程，即一部分纤维素脱水炭化产生脂肪族碳；一部分纤维素发生解聚生成液态的左旋葡萄糖，左旋葡萄糖进一步裂解成为可燃性的挥发物（如 CH_4，C_2H_2 等）并在氧气的作用下生成水、二氧化碳及一氧化碳。随着温度的升高（400～600℃），脂肪族碳一部分转化为更稳定的芳香族碳，一部分在氧气的作用下氧化成水、二氧化碳以及一氧化碳。而稳定性最好的芳香族碳最终（600～900℃）也在氧气的作用下发生氧化并生成了水及二氧化碳等物质[4]。在这个过程中，各个阶段因剧烈氧化而产生的大量的热，又反过来为其他部分纤维素的分解提供热量，使其继续裂解。

　　纤维素纤维的热裂解是燃烧的关键，裂解产物中的可燃性气体和挥发性液体将成为有焰燃烧的燃料，燃烧后产生大量的热又作用于纤维素使其继续裂解，使裂解反应循环进行，直至纤维完全烧尽。

　　纤维素纤维低温热降解的产物主要有：一氧化碳、二氧化碳、甲醛、乙醛、乙二醛、丙醛、丙烯醛、正丁醛、糠醛、5-羟基甲基

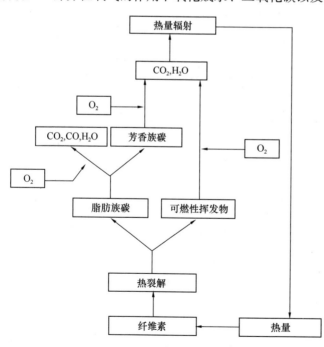

图 6-3　纤维素纤维燃烧过程示意图[4]

糠醛、丙酮、水、左旋葡萄糖、乙酸、乳酸等[7]。

6.3　纤维改性提高生物质复合材料的阻燃性能

基于植物纤维的燃烧机理，根据具体的作用形式不同，主要可以从三个方面对其进行阻燃改性：（1）通过阻燃剂与纤维的化学作用影响纤维素纤维的燃烧过程，使受热时纤维素的热解较多地以脱水炭化的形式进行，减少燃烧过程中可燃性气体的生成，形成稳定性高的致密炭层；（2）阻燃剂自身受热后提前分解生成不燃性气体从而稀释可燃物浓度并在一定程度上降低燃烧体系的整体温度；（3）阻燃剂分解产物自身充当物理保护层的作用，阻止氧气的传递和热量的渗透，保护底层基体的进一步燃烧。

植物纤维及其织物的阻燃整理方法主要包括浸渍法（浸轧-焙烘）、溶胶-凝胶法、接枝聚合法和层层组装法等。

6.3.1　浸渍法

浸渍法作为最简单的处理方法，只需将织物浸渍在一定温度的阻燃剂溶液中，利用吸附作用使阻燃成分沉积在织物表面，达到一定浸渍量后，取出，脱水，干燥，一般干燥温度不宜超过 100℃。该方法中的阻燃处理液可为一种阻燃剂的溶液，也可为含有两种及以上的混合液，或者还含有表面活性剂、浸湿剂等添加剂。

织物常用的阻燃剂可分为无机阻燃剂、有机卤系、有机磷系、有机氮系、有机硅系等几类。越来越多的新合成的无卤含磷、氮、硅等元素的阻燃剂被用于棉织物等天然纤维织物的阻燃，处理后的织物纤维阻燃性都有一定的提升[8-11]。鲁小城等[12]采用磷酸酯类和氮磷类两种类型的阻燃剂处理了苎麻织物，采用热压法制备了苎麻织物/酚醛树脂层压板，研究了苎麻织物阻燃处理前后对层压板阻燃性能的影响。结果表明，氮磷类阻燃剂能更好地提高层压板的阻燃性能，使层压板的极限氧指数由 25.2 提高到 39.1，垂直燃烧试验达到了 V-0 级，且力学性能保持不变。

近年来随着纳米技术的发展，分散均匀的纳米粒子悬浮液也作为阻燃处理液被用于改善天然纤维（棉、麻等）织物的阻燃性。对于棉织物而言，水滑石、二氧化硅、功能化有机黏土以及聚硅氧烷等均表现出良好的阻燃性[13-15]。而碳纳米管作为阻燃剂使用时，不仅赋予织物一定的阻燃性，还可以一定程度上改善其力学性能、紫外线屏蔽以及疏水性，如图 6-4 所示[16]。

浸渍法相对而言操作简单，经济环保，适用面也较广，但是处理后织物表面吸附的阻燃剂耐水洗性较差，因此仅适用于没有洗涤需求的纤维及其织物或者作为增强层材料用于绿色复合材料。

6.3.2　接枝聚合法

接枝共聚是对织物表面化学结构进行修饰的一种有效方法，它可以在不破坏其整体结构的情况下，方便地将高分子链引入其表面。而且，由于接枝高分子链与纤维表面之间强的共价键作用，而使其具有很好的耐久性。接枝聚合法是一种高效持久的表面改性方法，通过将功能性组分（聚合物单体或分子链等）化学接枝到基体材料表面，在改善材料表面性质如阻燃性、导电性、抗菌性、浸润性、生物相容性等的同时，不改变其整体性质。根据引发方式

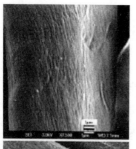

Conc.of CNTs(wt%)[a]	Burning time/s	State of the fabrics
Untreated	25	Ash
PAB treated	28	Ash+char
0.5	30	Ash+char
1	44	Ash+char
2	320	Char
5	—	—
5.8	—	—

a Concentration of CNTs in the emulsion for the finishing treatment of cotton samples.

Sample	Percentage of transmission(%)		UPF value
	UVA 315~400nm	UVB 290~315nm	
untreated	18.428	13.223	6
2.0% PBA[a]	2.600	0.945	45
0.25% CNTs[b]	1.711	0.704	60
1.0% CNTs	0.552	0.188	174
2.0% CNTs	0.322	0.109	390
2.5% CNTs	0.287	0.100	426

a Concentration of PBA in the emulsion for finishing treatment.
b Concentration of CNTs in the emulsion for finishing treatment.

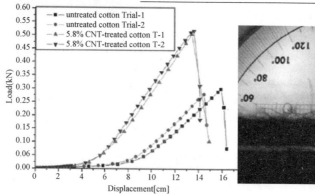

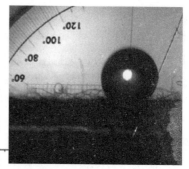

图 6-4　棉织物表面浸渍碳纳米管对其阻燃性、
力学性能、紫外线屏蔽以及疏水性的影响[16]

的不同，可以分为化学引发剂引发接枝聚合、离子辐射引发接枝聚合、紫外光引发接枝聚合和等离子体引发接枝聚合。

Cheema 等[17]采用过硫酸钾（$K_2S_2O_8$）作为引发剂分别将含有 N-P 的两种阻燃单体接枝到棉织物表面，结果表明含有 N 元素较多的单体由于 N-P 之间良好的协效作用，对织物的阻燃效果更为显著。

Opwis 等[18]通过紫外光引发聚合将乙烯基膦酸单体分别引入棉、聚酰胺和聚酯纤维表面，且分别得到了 2.0%、2.7% 和 2.1% 的绝对磷含量，燃烧实验结果表明，未处理的样品遇火即燃，而乙烯基磷酸修饰过的样品则具有自熄灭能力且几乎未受到破坏。Yuan 等[19]通过紫外光固化技术将含磷阻燃剂接枝到棉布表面，发现接枝后棉纤维表面化学结构发生了变化，且表面形貌更光滑，考察对应的阻燃性能发现，该接枝涂层很好地提高了棉布的热稳定性能和阻燃性能，大大降低了棉布在燃烧过程的总热释放量（THR）和峰值热释放速率（PHRR）等。

Tsafack 等[20]利用等离子体引发接枝聚合方法，将多种含磷的丙烯酸酯阻燃单体接枝到聚丙烯腈织物、棉织物上，具体的实验过程如图 6-5 所示，首先将织物（S）浸渍在含有单体（M）的溶液中，水平挤压浸渍后织物去除多余的单体溶液，然后置于玻璃板上在 Ar 等离子体中引发接枝聚合，清洗干燥后得到阻燃织物（SgP）。这种方法对织物表面形貌影响较小，并且阻燃剂与织物之间的化学键接使其耐持久性尤为突出，目前已经用于更多的天然纤维织物的阻燃改性[21-23]。

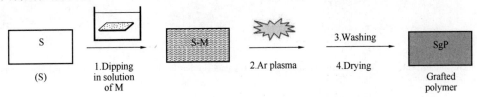

图 6-5 氩等离子体引发接枝聚合示意图[20]

6.3.3 溶胶-凝胶法

尽管对于溶胶-凝胶法的研究 20 世纪就有所涉及，但是将其应用于织物的阻燃整理领域只在近几年才陆续有文献报道。溶胶-凝胶法的反应步骤主要包括金属（或半金属）醇盐的水解和缩聚，主要反应步骤如图 6-6 所示[24]。常用于织物阻燃的醇盐前驱体包括烷氧基硅烷类、钛酸酯类、锆酸酯类以及异丙氧基铝类等，对应化学结构如图 6-7 所示。其中前驱体

Hydrolysis(I):

$$M(OR)_4 \quad + \quad 4H_2O \quad \rightleftharpoons \quad M(OH)_4 \quad + \quad 4ROH$$

HO

Condensation(II):

$$\equiv M\text{-}OH \quad + \quad HO\text{-}M\equiv \quad \rightleftharpoons \quad \equiv M\text{-}O\text{-}M\equiv \quad + \quad H_2O$$

$$\equiv M\text{-}OH \quad + \quad RO\text{-}M\equiv \quad \rightleftharpoons \quad \equiv M\text{-}O\text{-}M\equiv \quad + \quad ROH$$

Oxidic network(III):

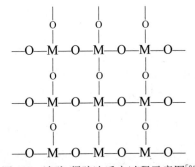

图 6-6 溶胶-凝胶法反应过程示意图[24]

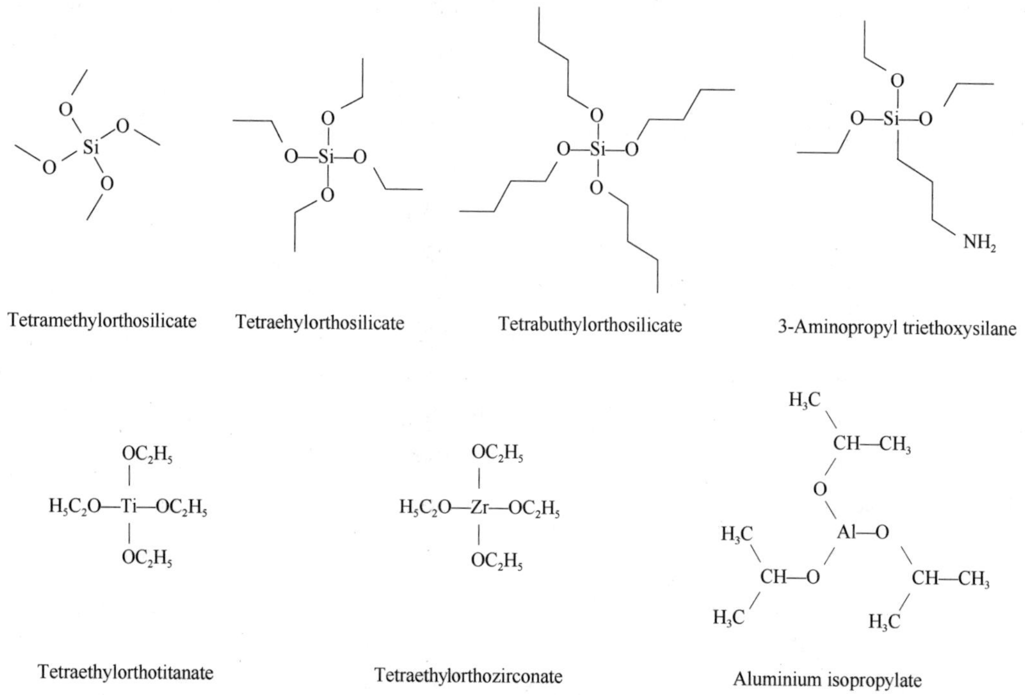

图 6-7 常用金属（半金属）醇盐的化学结构[25,26]

的类型（即金属原子种类）、前驱体化学结构以及反应参数（温度、时间、pH 值、水分含量、溶剂等）都会影响最终的凝胶网状结构，从而决定处理后织物的性能优劣。

Alongi 等将分子链长度依次增加的烷氧基硅烷前驱体分别用于棉织物表面构筑溶胶-凝胶阻燃涂层，结果表明随着前驱体分子链变短，处理后棉织物的阻燃性提高，对应垂直燃烧测试中燃烧速率的降低、残炭量的增加以及锥形量热测试中点燃时间的增加、热释放速率峰值和总的释热量的降低[26]；四种金属氧化物相对织物阻燃效果排序依次为：TiO_2＞SiO_2＞Al_2O_3＞ZrO_2，归因于 Ti 离子催化纤维素脱水成炭效率最高，尽管 Zr 离子在空气中热失重过程与 Ti 相似，但由于 Zr 元素在棉织物表面分布明显不如 Ti 元素均匀，所以阻燃效果最差[27]。Tian 等进一步分析对比不同金属类醇盐（Ti、Si、Zr、Al），发现除去二氧化硅以外的其他金属氧化物相都能一定程度上改变天然纤维织物中纤维素的热解机理以及反应动力学过程，这是因为金属离子的存在可以促进纤维素的脱水成炭过程[28]。

上述的溶胶-凝胶法在织物表面构筑的均为无机氧化相涂层结构，该混合涂层具备优异的热屏蔽效应，可以显著提高织物的阻燃性。但由于织物本身的疏松多孔结构导致阻燃涂层发挥的作用极其受限，这个问题可通过将溶胶-凝胶相（通常是二氧化硅）与含磷或含氮的这一类具有阻燃活性的化合物进行复配使用解决。如：Alongi 等在烷氧基硅烷前驱体（TMOS）中添加次磷酸铝、α-磷酸二氢锆以及含次磷酸铝、三聚氰胺、氧化锌和氧化硼的混合物三种不同的含磷化合物，结果表明在前驱体中仅添加少量的含磷化合物就可以显著增加织物的阻燃性[29]。

6.3.4 层层组装法

层层组装法（LBL 法）是基于相反电荷聚电解质的静电吸引作用，在基体表面交替沉积多层膜的一种新型改性方法，该方法可以看作是在传统浸渍法的基础上做出的改进[30]。层层组装法最早由 Iler 发明[31]，但受限于当时的信息传播效率，该方法并未立即引起重视。到了 20 世纪 90 年代初，LBL 被 Decher 等[32] 重新利用并加以广泛推广。由此，LBL 技术为材料的改性及功能化提供了一种新的便捷有效的方法，从而引发了 LBL 技术研究应用的热潮。

图 6-8 为典型的通过聚电解质之间的静电作用进行的 LBL 过程。具体包括：（1）在自组装之前，首先要对本身不带电的基板材料进行预处理，使之带上一定量的电荷；（2）将基板浸泡在一定浓度的带负电的聚电解质溶液中，一定时间后取出，经过洗涤去除未通过静电吸附粘附在基板表面的游离聚电解质，并干燥；（3）将基板浸泡在一定浓度的带正电荷的聚电解质溶液中，一定时间后取出，经过洗涤去除未通过静电作用吸附的聚电解质，干燥。以上过程为一个 LBL 循环，构建的涂层称为一个双层（BL）。通过重复以上操作，可以获得各种厚度的超薄膜。同时，通过改变聚阳离子和聚阴离子，可以在材料表面构建具有不同功能的薄膜。

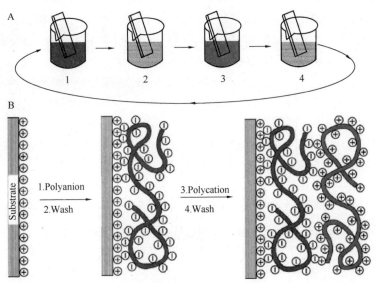

图 6-8　层层组装法示意图，步骤 1 和 3 分别代表一层聚阴离子和
聚阳离子的吸附，步骤 2 和 4 为洗涤步骤[33]

自 1991 年发展至今，用于层层组装的物质已不再局限于单纯的聚电解质，层层组装的驱动力也逐渐扩展到氢键[34]、共价键[35]、电荷转移[36]、分子识别等[37]。

层层组装在织物阻燃领域的运用是 Grunlan 课题组于 2009 年首次引入的[38]。之后，利用层层组装法在织物表面构筑多层阻燃涂层的研究工作也得到了更多国内外学者的持续跟进。

早期的 LBL 阻燃涂层以无机阻隔型为主，这类 LBL 涂层在织物表面主要发挥热屏蔽效应，从而保护基体材料免受热量的侵蚀，抑制可燃性挥发气体的生成并促进成炭。以纤维素织物为例，该涂层可以促进纤维素脱水成炭并且抑制挥发燃料（如左旋葡萄糖、呋喃及其衍生物等）的生成，从而改变纤维素织物的燃烧行为。图 6-9 为棉织物表面组装聚倍半硅氧烷类阻隔涂层的结果示意图，可以发现处理后织物的热稳定性以及阻燃性均有一定提升，对应热失重曲线中残炭的增加以及垂直燃烧测试后织物残炭的完整度和致密度的改善[39]。表 6-2

列举了近年来部分文献中关于无机 LBL 涂层对天然纤维织物阻燃改性的代表性结果。通过选用不同的正负电荷组合，在织物表面构筑的无机 LBL 纳米阻燃涂层对织物均产生了一定的阻燃效果，但是由于这类阻燃体系作用机理以物理阻隔为主，因此对于主要由纤维素组成的天然纤维织物来说，阻燃效果并不十分显著。

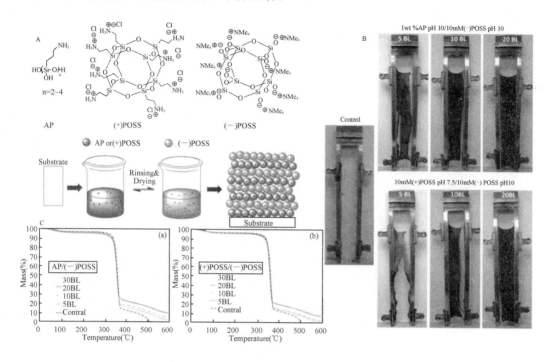

图 6-9　无机 LBL 涂层阻燃棉织物代表性研究工作示意图[39]

表 6-2　阻隔型 LBL 涂层阻燃植物纤维织物的代表性结果

正电荷组分	负电荷组分	主要结果	参考文献
聚乙烯亚胺	锂藻土	组装 10BL 棉织物在 VFT 测试中较处理前阴燃提前 10s 发生	[38]
聚乙烯亚胺	钠基蒙脱土	组装 10BL 棉织物在 VFT 测试中较处理前可见完整连续残炭	[40]
聚乙烯亚胺	二氧化硅	组装 10BL 棉织物在 MCC 测试中较处理前 PHRR 下降 20%，THR 下降 17%	[41]
氧化铝掺杂二氧化硅	二氧化硅	组装 10BL 棉织物在 MCC 测试中较处理前 PHRR 下降 15%，THR 下降 10%	[42]
氯化铵-聚倍半硅氧烷	四甲基胺-聚倍半硅氧烷	组装 10BL 棉织物在 VFT 测试中较处理前阴燃减弱，残炭增加但仍比较脆弱	[39]
氨基化碳纳米管	聚磷酸铵	组装 10BL 苎麻织物在 MCC 测试中较处理前 PHRR 下降 27%，THR 下降 11%	[42]

为了进一步提高植物纤维或织物的阻燃性能，膨胀型层层组装涂层（如 PAA/PSP，壳聚糖/PSP，壳聚糖/APP，PEI/APP，PEI/PVPA 等）被涂覆到织物表面并取得了非常显著的阻燃效果。图 6-10 为棉织物表面组装壳聚糖/聚磷酸钠膨胀型 LBL 阻燃涂层的结果示意图，织物的热稳定性和阻燃性都有显著提升，并表现出良好的自熄性[43]。

另外，为了顺应绿色环保材料的趋势，完全由可再生的生物质聚电解质构成的膨胀型层层组装纳米涂层也被用于植物纤维织物（如棉织物）的阻燃，处理后织物的热释放速率峰值和总的释热量都有明显的降低，自熄性提升显著。以壳聚糖/植酸体系阻燃棉织物为例（图 6-11），当正负组装液 pH 值合适并达到一定组装层数时，织物可以达到移除火焰立即熄灭的状态[44]。

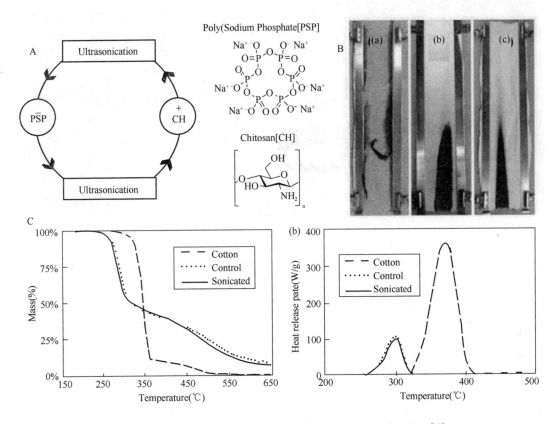

图 6-10　膨胀型 LBL 涂层阻燃棉织物代表性研究工作示意图[43]

表 6-3 统计了近年来用于织物（以棉织物为主）阻燃的不同膨胀型 LBL 体系的研究工作。可以发现相比于单一的无机阻隔型 LBL 体系，其阻燃效果明显提升，PHRR 和 THR 的降低均可以达到 50% 及以上，垂直燃烧后织物的残炭几乎完整地保持了织物原始的编织形貌，当达到一定组装层数后织物表现出优良的离火自熄性。分析原因可知，膨胀型体系可以同时发挥气相阻燃和凝聚相阻燃效应，其中酸源原位分解生成酸，催化纤维素的脱水成炭并且降低可燃性气体挥发物的生成，气源热解产生的惰性不燃性气体既能稀释可燃性挥发气体的浓度同时降低整个体系的温度，而织物表面生成的致密连续的炭层又能隔热隔氧，从而赋予织物优异的离火自熄性。

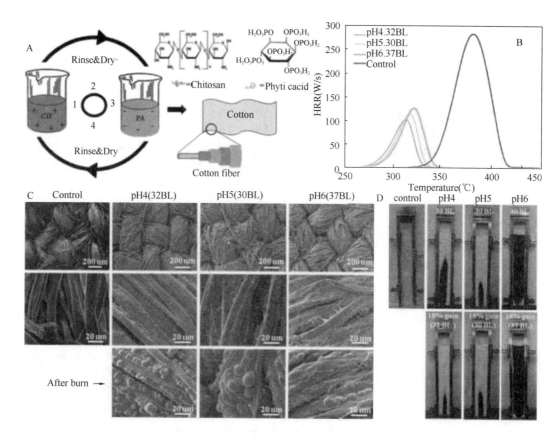

图 6-11　全生物质膨胀型 LBL 涂层阻燃棉织物代表性研究工作示意图[44]

表 6-3　膨胀型 LBL 涂层阻燃植物纤维织物的代表性结果

正电荷组分	负电荷组分	主要结果	参考文献
聚丙烯基胺	聚磷酸钠	组装 10BL 棉织物在 MCC 测试中较处理前 PHRR 下降 60%，THR 下降 80%	[45]
聚乙烯亚胺	聚磷酸铵	组装 15BL 苎麻织物在 VFT 测试中移除火焰后自熄，并且炭长显著降低	[46]
聚乙烯亚胺	聚乙烯膦酸	组装 10BL 苎麻织物在 MCC 测试中较处理前 PHRR 下降 46%，THR 下降 62%	[47]
壳聚糖	聚磷酸钠	组装 17BL 苎麻织物在 VFT 测试中移除火焰后自熄，在 MCC 测试中 PHRR 和 THR 分别降低 70%，78%	[43]
壳聚糖	聚磷酸铵	组装 10BL 聚酯-棉共织物在 VFT 测试中残炭较处理前明显增加	[48]
壳聚糖	植酸	组装 30BL 棉织物在 VFT 测试中离火自熄	[44]
壳聚糖	脱氧核糖核酸	组装 20BL 棉织物在 VFT 测试中离火自熄	[49]
壳聚糖	磷酸纤维素	组装 15BL 棉织物在 VFT 测试中离火自熄	[50]

　　膨胀多层纳米涂料不仅提高了织物的阻燃性，同时也增强了织物与聚合物基体之间的界

面结合力。图 6-12 是苎麻/苯并噁嗪层压板弯曲试验断面的形貌，表面涂覆前有明显的纤维拔出，而涂覆后的看不到纤维拔出，说明界面结合力增加，从而层压板的力学性能也同时提高（图 6-13），达到阻燃、增强的双重改性效果[51]。

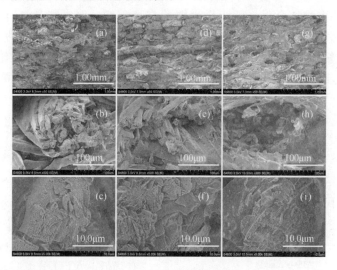

图6-12 苎麻/苯并噁嗪（a，b，c），苎麻/苯并噁嗪/MWNT/APP（d，e，f）及苎麻/苯并噁嗪/PEI/APP（g，h，i）层压板弯曲试验断面的 SEM 照片

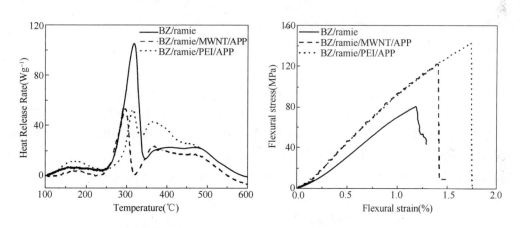

图 6-13 苎麻/苯并噁嗪层压板的热释放速率曲线和弯曲试验的应力-应变曲线

6.4 基体改性提高生物质复合材料的阻燃性能

生物质复合材料的阻燃改性也可以通过聚合物基体的改性来实现。改性方法包括利用本征阻燃聚合物、现有聚合物基体的化学改性和在基体材料中直接添加阻燃剂。

生物质复合材料的基体材料包括热固性聚合物、热塑性聚合物和生物基聚合物。已有许多书籍和综述文章详述了聚合物（无论是热固性或热塑性）的阻燃改性方法[52,53]。这些方法当然也可用于改善生物复合材料的阻燃性，这里不再赘述，本章主要介绍生物基聚合物及其复合材料的阻燃改性方法与研究进展。

6.4.1 淀粉基复合材料的阻燃改性

天然纤维增强生物质复合材料的热、机械和阻燃性能的研究已有一些报道。Matko等[54]研究了淀粉基生物复合材料的阻燃性能并与聚丙烯、聚氨酯基复合材料进行了对比。如图 6-14 所示，发现引入低至 10% 的多聚磷酸铵即可使增塑淀粉（淀粉/甘油的质量比为1/1）离火自熄，当阻燃剂的添加量为 30% 时 LOI 值高达 60%。他们的结论是，虽然生物基聚合物似乎比传统聚合物更昂贵，但它们的阻燃性可以通过相对简单和廉价的方法来实现。

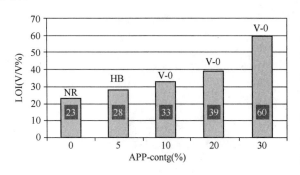

图 6-14 多聚磷酸铵对增塑淀粉阻燃性能的影响[54]

作为一种传统的生态友好阻燃剂，三水合氧化铝（ATH）也可用于提高淀粉的阻燃性。Gallo 等[55] 为降低 ATH 的添加量，采用椰子纤维（CF）和 ATH 的组合添加到热塑性淀粉（TPS）和纤维素衍生物的共混物中。CF 有一定的成炭作用，使锥形量热测试的燃烧倾向略有降低。ATH 分解吸热成水和无机残留物，显著稀释了可燃物的浓度并形成残留保护层，减少了火焰危险。用椰子纤维替换部分 ATH 导致阻燃性能的提高，延长了点火时间，减小火焰强度和传播速率。ATH 和 CF 的协同作用为显著降低 ATH 用量，制备阻燃生物复合材料开启了大门。

阻燃热塑性淀粉（TPS）还可以通过使用含磷多元醇增塑来制备。Bocz 等[56] 采用短切亚麻纤维及亚麻织物增强阻燃 TPS 基体。由于织物纤维的引入显著提高了 TPS 的拉伸和冲击性能，然而由于植物纤维的易燃特性，复合材料的 LOI，UL94 和锥形量热测试结果均表现出阻燃性能的下降，因此天然纤维的阻燃处理是必不可少的。他们采用含磷阻燃剂处理的植物纤维为增强体，含磷多元醇增塑热塑性淀粉为基体，发现所制备的可完全生物降解的生物质复合材料同时具备了优异的力学性能和阻燃性能，通过 UL94 测试的 V-0 级，LOI 达到32%，PHRR 比未增强的 TPS 参考物减少了 45%。

在来自同一研究小组的另一份报告中[57]，采用自己合成的磷酸甘油酯（GP）为阻燃型增塑剂，新型磷-硅烷（PSil）为阻燃型表面处理剂（图 6-15）制备了短切亚麻纤维增强

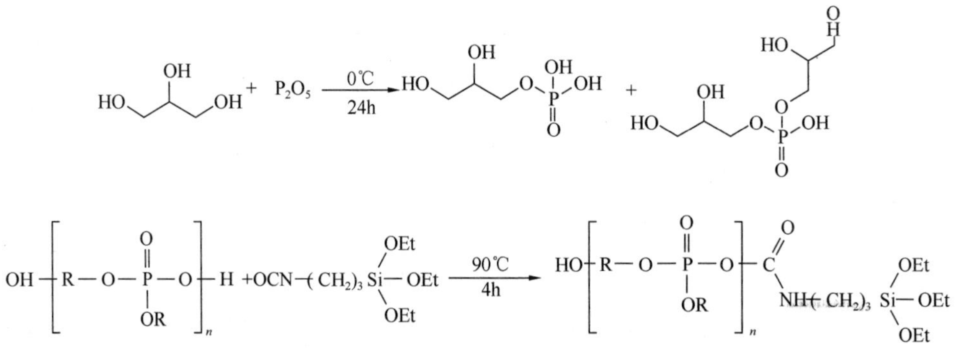

图 6-15 阻燃型增塑剂（GP，上）和表面处理剂（PSil，下）的合成[57]

PLA/TPS 生物质复合材料，这种新的多功能添加剂体系改性效果非常显著，在 PLA/TPS-GP/Flax-PSil（含 52.0PLA，9.6 淀粉，1.65 甘油，1.65GP，25.0flax-PSil）中只需添加 10%（重量）的多聚磷酸铵（APP）即可得到良好的阻燃性，UL94 达 V-0 等级，LOI 达 33%，热释放减少 40%。另外，该生物质复合材料具有良好平衡的强度和刚度。

6.4.2　聚乳酸基复合材料的阻燃改性

聚乳酸（PLA）及其复合材料的阻燃研究多于所有其他生物基聚合物。最常使用的方法是添加由多聚磷酸铵（APP）及其增效剂组成的膨胀型阻燃剂[58-60]。Li 等通过三种途径制备了阻燃苎麻增强 PLA 复合材料：（1）PLA 先与 APP 共混，然后再与苎麻复合，得到 PLA-FNF；（2）苎麻先用 APP 阻燃处理，然后再与 PLA 复合，得到 FPLA-NF；（3）PLA 和苎麻均先用 APP 阻燃处理，然后两者共混，得到 FPLA-FNF。发现 APP 对复合材料阻燃性能（无论是垂直燃烧还是极限氧指数）的提高都非常有效。特别是第三种方法得到的复合材料 FPLA-FNF，无论是阻燃性能还是力学性能都是最好的[61]（图 6-16）。

Sample	LOI	t_1/t_2(s)	Dripping	UL94
PLA-NF	19.1	—a	Y	NCb
PLA-FNF	25	—a	Y	NCb
FPLA-NF	28.1	2/8	N	V-0
FPLA-FNF	35.6	0/3	N	V-0

a Does not extinguish fire after ignition.
b Not classified by UL94 rating.

Sample	Tensile strength (MPa)	Flexural strength (MPa)	Notched lzod impact strength(kJ m-2)
PLA-NF	53.2	92.0	7.43
PLA-FNF	56.4	97.4	7.14
FPLA-NF	46.1	91.2	5.43
FPLA-FNF	51.6	78.9	6.29

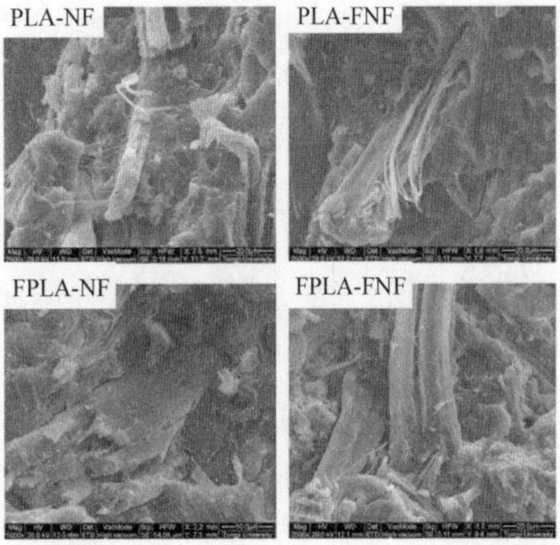

图 6-16　三种途径制备的阻燃苎麻增强 PLA 复合材料的阻燃性能，力学性能及断面形貌[61]

Woo 等研究了氢氧化铝（ATH）对洋麻/聚乳酸复合材料的阻燃性能、动态力学性能和拉伸性能的影响[62]。先用双螺杆挤出技术制备了 ATH 填充 PLA 颗粒料，再用热压法将颗粒料和短切洋麻纤维复合制得复合材料。麻纤维含量固定在 40%（重量），平均纤维长度为 3mm。添加 ATH 后，洋麻/PLA 复合材料的阻燃性显著提高，且储能模量和拉伸模量分别提高了 136% 和 59%，显然，通过挤出工艺在 PLA 中加入 ATH 不但起到了显著的阻燃作用而且还起到了增强作用。

纳米颗粒是最近开发的阻燃剂类别，相对较低的纳米颗粒添加量即可显著地改善聚合物的阻燃性能和机械性能[63]。不同纳米颗粒对阻燃性能的贡献取决于其化学与几何结构。针对基于纳米黏土的聚合物复合材料已开展了大量工作。Wei 等[64]研究了 PLA/黏土纳米复合材料的燃烧行为。结果表明，与纯 PLA 相比，PLA 纳米复合材料的燃烧行为有了很大变化。其燃烧速率低于纯 PLA，PHRR 显著降低，降低的幅度取决于黏土的种类和浓度。然而，黏土的催化效应使 PLA 纳米复合材料更易引燃，加入黏土后 TTI 值有了不同程度的缩短。这一方面说明了纳米复合材料的燃烧过程的特殊性，另一方面也说明仅基于垂直燃烧或极限氧指数这样单一参数的燃烧测试不能全面表达材料的阻燃性能。

膨胀型阻燃剂和纳米黏土组合，可以进一步提高阻燃效率。Bocz 等[65]采用高度结晶的聚乳酸（PLA）纤维与完全无定形的聚乳酸膜叠合制备了自增强 PLA 复合材料（PLA-SRCs）。通过在基体层中添加 10/1 的多磷酸铵类阻燃剂/蒙脱土有效地降低了所述 PLA-SRCs 的可燃性。低至 16%（重量）的阻燃剂含量足以实现自熄，即 UL94 V-0 等级，并使峰值热释放速率和总热释放量分别降低 50% 和 40%，而且阻燃剂的引入也改善了机械性能，使 PLA-SRCs 的刚度稳步增加，此外，由于提高了纤维与基体的粘结力，阻燃 PLA-SRC 的能量吸收能力也显著提高（冲击穿孔能量高达 16 J/mm）。

碳纳米管（CNT）是另一种重要的纳米阻燃剂，只需小于 3%（重量）即可改善聚合物的阻燃性。Yu 等[66]采用三步法将含磷阻燃剂 DOPO 接枝到多壁碳纳米管（MWCNTs）表面，在苎麻/ PLA 复合材料中加入 MWCNT-DOPOs 有效地提高了其 UL94 级别和 LOI 值，热失重分析表明残留炭量随 MWCNT-DOPO 的增加而增加，而且，复合材料的力学性能也由于 MWCNT-DOPO 的加入而提高，如图 6-17 所示。

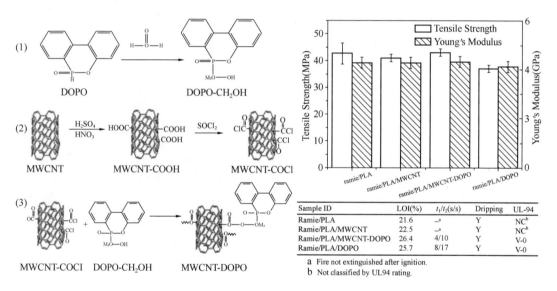

Sample ID	LOI(%)	t_1/t_2(s/s)	Dripping	UL-94
Ramie/PLA	21.6	—a	Y	NCb
Ramie/PLA/MWCNT	22.5	—a	Y	NCb
Ramie/PLA/MWCNT-DOPO	26.4	4/10	Y	V-0
Ramie/PLA/DOPO	25.7	8/17	Y	V-0

a Fire not extinguished after ignition.
b Not classified by UL94 rating.

图 6-17　MWCNT-DOPOs 的制备及其对苎麻/ PLA 复合材料阻燃性能和力学性能的影响[66]

6.4.3　聚酯基复合材料的阻燃改性

Dorez 等研究了基于聚丁二酸丁二醇酯（PBS）的生物质复合材料的热降解和燃烧反应[67]。采用纤维素、大麻、亚麻、甘蔗、竹等天然纤维为增强体，多聚磷酸铵（APP）为阻燃剂。研究了纤维类型、纤维含量及 APP 加入量的影响。在 PBS 中加入天然纤维降低了生物质复合材料的热稳定性和点燃时间（TTI），但增加了残炭量。这些结果归因于由木质素纤维分解释放的可燃性气体。纤维含量对 TTI 影响不大，但显著影响了峰值热释放速率（PHRR）。因此，为保证形成阻隔层，纤维含量必须超过一个临界值。在生物复合材料中加入 APP 会导致 PBS 热解和亚麻的磷酸化。PBS 基体的炭化和纤维骨架的存在为阻燃生物复合材料形成良好的阻挡层，从而使 PHRR 显著减小。

冉诗雅等研究了多聚磷酸铵（APP）和丹宁对聚（丁二酸丁二醇酯）（PBS）的催化成

炭作用及对阻燃性的影响[68]，APP 和单宁复配能催化 PBS 成炭，该炭层作为屏障有效地将 PBS 与火焰隔离，当 APP 和单宁的质量比为 5∶1 时，峰值热释放速率减少 33%。

天然纤维增强的生物质聚合物的阻燃性能和力学性能可以通过多组分叠层量身定做。Gallo 等研究了洋麻纤维增强可生物降解的商品化 E-PHBV 共混物的多组分层压板的性能。以磷酸盐和 Sb_2O_3 复配构成阻燃体系，这种多组分结构设计成功地平衡了生物质复合材料的机械性能和阻燃性能[69]。

参考文献

[1] Mfiso E. Mngomezulua, Maya J. Johna, Valencia Jacobsa, Adriaan S. Luytc. Review on flammability of biofibres and biocomposites[J]. Carbohydrate Polymers，2014，111：149-182.

[2] Chapple S, Anandjiwala R. Flammability of natural fiber-reinforced composites and strategies for fire retardancy：A review[J]. Journal of Thermoplastic Composite Materials，2010，23(6)：871-893.

[3] Bledzki AK, Gassan J. Composites reinforced with cellulose based fibres[J]. Prog. Polym. Sci. 1999，24：221-274.

[4] Price D.，Horrocks A. R.；Akalin M.，Faroq A. A.. Influence of flame retardants on the mechanism of pyrolysis of cotton (cellulose) fabrics in air[J]. Journal of Analytical and Applied Pyrolysis，1997，40-41：511-524.

[5] Tsafack M. J.，Levalois-Grützmacher J.. Flame retardancy of cotton textiles by plasma-induced graft-polymerization (PIGP)[J]. Surface and Coatings Technology，2006，201 (6)：2599-2610.

[6] Azwa Z. N.，Yousif B. F.，Manalo A. C.，Karunasena W. A review on the degradability of polymeric composites based on natural fibres[J]. Materials and Design，2013，47：424-442.

[7] 骆介禹，骆希明. 纤维素基质材料阻燃技术[M]. 北京：化学工业出版社，2003.

[8] 周大成，姚晓雯. 聚磷酸铵在纺织品上的阻燃整理研究[J]. 阻燃材料与技术，1997，1：24-25.

[9] Yang ZY, Fei B, Wang XW, Xin JH. A novel halogen-free and formaldehyde-free flame retardant for cotton fabrics[J]. Fire and Materials，2012，36：31-39.

[10] Guan JP, Yang CQ, Chen GQ. Formaldehyde-free flame retardant finishing of silk using a hydroxyl-functional organophosphorus oligomer[J]. Polymer Degradation Stability，2009，94：450-455.

[11] Liu W, Chen L, Wang YZ. A novel phosphorus-containing flame retardant for the formaldehyde-free treatment of cotton fabrics[J]. Polymer Degradation and Stability，2012，97：2487-2491.

[12] 鲁小城，闫红强，王华清，程捷，方征平. 阻燃苎麻/酚醛树脂复合材料的制备及性能[J]. 复合材料学报，2011，28(3)：1-5.

[13] Alongi J, Tata J, Frache A. Hydrotalcite and nanometric silica as finishing additives to enhance the thermal stability and flame retardancy of cotton[J]. Cellulose，2011，18：179-190.

[14] Horrocks AR, Nazare S, Masood R, Kandola B, Price D. Surface modification of fabrics for improved flash-fire resistance using atmospheric pressure plasma in the presence of a functionalized clay and polysiloxane[J]. Polymer Advanced Technologies，2011，22：22-29.

[15] Alongi J, Brancatelli G, Rosace G. Thermal properties and combustion behavior of POSS-and bohemite-finished cotton fabrics[J]. Journal of Applied Polymer Science，2012，123：426-436.

[16] Liu Y, Wang X, Qia K, Xin JH. Functionalization of cotton with carbon nanotubes[J]. Journal of Materials Chemistry，2008，18：3454-3460.

[17] Cheema HA, EI-Shafei A, Hauser PJ. Conferring flame retardancy on cotton using novel halogen-free flame retardant bifunctional monomers：synthesis，characterizations and applications[J]. Carbohydrate

Polymers, 2013, 92: 885-893.

[18] Opwis K, Wego A, Bahners T, Schollmeyer E. Permanent flame retardant finishing of textile materials by a photochemical immobilization of vinyl phosphonic acid[J]. Polymer Degradation and Stability, 2011, 96: 393-395.

[19] Yuan HX, Xing WY, Zhang P, Song L, Hu Y. Functionalization of cotton with UV-cured flame retardant coatings[J]. Industrial & Engineering Chemistry Research, 2012, 51: 5394-5401.

[20] Tsafack MJ, Grutzmacher JL. Flame retardancy of cotton textiles by plasma-induced graft-polymerization (PIGP)[J]. Surface & Coatings Technology, 2006, 201: 2599-2610.

[21] Kamlangkla K, Hodak SK, Grutzmacher JL. Multifunctional silk fabrics by means of the plasma induced graft polymerization (PIGP) process [J]. Surface & Coatings Technology, 2011, 205: 3755-3762.

[22] Paosawatyanyong B, Jermsutjarit P, Bhanthumnavin W. Surface nanomodifi-cation of cotton faber for flame retardant application[J]. Journal of Nanoscience and Nanotechnology, 2012, 12: 748-753.

[23] Paosawatyanyong B, Jermsutjarit P, Bhanthumnavin W. Graft copolymerization coating of methacryloyloxyethyl diphenylphosphate flame retardant onto silk surface[J]. Progress in Organic Coatings, 2014, 77: 1585-1590.

[24] Sakka S. Sol-gel science and technology. Topics and fundamental research and applications[M]. Norwell (Massachusetts): Kluwer Academic Publishers, 2003.

[25] Alongi J, Malucelli G. State of the art and perspectives on sol-gel derived hybrid architectures for flame retardancy of textiles[J]. Journal of Materials Chemistry, 2012, 22: 21805-21809.

[26] Alongi J, Ciobanu M, Malucelli G. Sol-gel treatments on cotton fabrics for improving thermal and flame stability: Effect of the structure of the alkoxysilane precursor[J]. Carbohydrate Polymers, 2012, 87: 627-635.

[27] Alongi J, Ciobanu M, Malucelli G. Thermal stability, flame retardancy and mechanical properties of cotton fabrics treated with inorganic coatings synthesized through sol-gel processes[J]. Carbohyd rate Polymers, 2012, 87: 2093-2099.

[28] Tian CM, Xie JX, Guo HZ, Xu JZ. Effect of metal ions on thermal oxidative degradation of cotton cellulose ammonium phosphate[J]. Journal of Thermal Analysis and Calorimetry, 2003, 73: 827-834.

[29] Alongi J, Ciobanu M, Malucelli G. Novel flame retardant finishing systems for cotton fabrics based on phosphorus-containing compounds and silica derived from sol-gel processes[J]. Carbohydrate Polymers, 2011, 85: 599-608.

[30] Cheung JH, Stockton WB, Rubner MF. Molecular-level processing of conjugated polymers 3. Layer-by-layer manipulation of polyaniline via electrostatic interactions [J]. Macromolecules, 1997, 30: 2712-2716.

[31] Iler RL. Multilayers of colloidal Particles[J]. J. Colloid Interface Sci, 1966, 21: 569-594.

[32] Decher G, Hong JD. Buildup of ultrathin multilayer films by a self-assembly process, 1 consecutive adsorption of anionic and cationic bipolar amphiphiles on charged surfaces[J]. Makromol. Chem; Macromol. Symp, 1991, 46: 321-327.

[33] Decher, G.. Fuzzy Nanoassemblies: Toward Layered Polymeric Multicomposites[J]. Science, 1997, 277 (5330): 1232-1237.

[34] Stockton WB, Rubner MF. Molecular-level processing of conjugated polymers. 4. Layer-by-layer manipulation of polyaniline via hydrogen-bonding interactions [J]. Macromolecules, 1997, 30: 2717-2725.

[35] Kohli P, Blanchard GJ. Applying polymer chemistry to interfaces: Layer-by-layer and spontaneous growth of covalently bound multilayers[J]. Langmuir, 2000, 16: 4655-4661.

[36] Shimazaki Y, Mitsuishi M, Ito S, Yamamoto M. Preparation of the layer-by-layer deposited ultrathin film based on the charge-transfer interaction[J]. Langmuir, 1997, 13: 1385-1387.

[37] Decher G, Lehr B, Lowack K, Lvov Y. New nanocomposite films for biosensors-layer-by-layer absorbed films for polyelectrolytes, proteins or DNA[J]. Biosensors and Bioelectronics, 1994, 9: 677-684.

[38] Li YC, Schulz J, Grunlan JC. Polyelectrolyte/nanosilicate thin-film assemblies: influence of pH on growth, mechanical behavior, and flammability[J]. ACS Applied Materials & Interfaces, 2009, 1: 2338-2347.

[39] Li YC, Mannen S, Schulz J, Grunlan JC. Growth and fire protection behavior of POSS-based multilayer thin films[J]. Journal of Materials Chemistry, 2011, 21: 3060-3069.

[40] Li YC, Schulz J, Mannen S, Delhon C, Condon B, Chang SC, Zammarano M, Grunlan JC. Flame retardant behavior of polyelectrolyte-clay thin film assemblies on cotton fabric[J]. ACS Nano, 2010, 4: 3325-3337.

[41] Laufer G, Carosio F, Martinez R, Camino G, Grunlan JC. Growth and fire resistance of colloidal silica-polyelectrolyte thin film assemblies[J]. Journal of Colloid and Interface Science, 2011, 356: 69-77.

[42] Zhang T, Yan HQ, Peng M, Wang LL, Ding HL, Fang ZP. Construction of flame retardant nanocoating on ramie fabric via layer-by-layer assembly of carbon nanotube and ammonium polyphosphate [J]. Nanoscale, 2013, 5: 3013-3021.

[43] Guin T, Krecker M, Milhorn A, Grunlan JC. Maintaining hand and improving fire resistance of cotton fabric through ultrasonication rinsing of multilayer nanocoating[J]. Cellulose, 2014, 21: 3023-3030.

[44] Laufer G, Kirkland C, Morgan AB, Grunlan JC. Intumescent multilayer nanocoating, made with renewable polyelectrolytes, for flame-retardant cotton[J]. Biomacromolecules, 2012, 13: 2843-2848.

[45] Li YC, Mannen S, Morgan AB, Chang AC, Yang YH, Condon B, Grunlan JC. Intumescent all-polymer multilayer nanocoating capable of extinguishing flame on fabric[J]. Advanced Materials, 2011, 23: 3926-3931.

[46] Zhang T, Yan HQ, Wang LL, Fang ZP. Controlled formation of self-extinguishing intumescent coating on ramie fabric via layer-by-layer assembly[J]. Industrial & Engineering Chemistry Research, 2013, 52: 6138-6146.

[47] Wang LL, Zhang T, Yan HQ, Peng M, Fang ZP. Modification of ramie fabric with a metal-Ion-Doped flame-retardant coating[J]. Journal of Applied Polymer Science, 2013, 129: 2986-2997.

[48] Alongi J, Carosio F, Malucelli G. Layer by layer complex architectures based on ammonium polyphosphate, chitosan and silica on polyester-cotton blends: flammability and combustion behaviour[J]. Cellulose, 2012, 19: 1041-1050.

[49] Carosio F, Blasio AD, Alongi J, Malucelli G. Green DNA-based flame retardant coatings assembled through layer by layer[J]. Polymer, 2013, 54: 5148-5153.

[50] Pan HF, Song L, Ma LY, Pan Y, Liew KM, Hu Y. Layer-by-layer assembled thin films based on fully biobased polysaccharides: chitosan and phosphorylated cellulose for flame-retardant cotton fabric [J]. Cellulose, 2014, 21: 2995-3006.

[51] Zhang T, Wang LL, Yan HQ, Fang ZP. Construction of flame retardant coating on ramie fabric via layer-by-layer assembly and its application in polybenzoxazine laminate[J]. The third Grubbs Syposium-Polymers and Green Industry, Ningbo, China, 2014, 4: 18-20.

[52] Dasari A, Yu ZZ, Cai GP, Mai YW. Recent developments in the fire retardancy of polymeric materials[J]. Prog Polym Sci, 2013, 38: 1357-1387.

[53] Mngomezulua ME., Johna MJ., Jacobsa V, Luytc AS.. Review on flammability of biofibres and biocomposites[J]. Carbohydrate Polymers, 2014, 111: 149-182.

[54] Matko Sz, Toldy A, Keszei S, Anna P, Bertalan Gy, Marosi Gy. Flame retardancy of biodegradable polymers and biocomposites[J]. Polym Degrad Stab, 2005, 88: 138-145.

[55] Gallo E, Sanchez-Olivares G, Schartel B. Flame retardancy of starch-based biocomposites-aluminum hydroxide-coconut fiber synergy[J]. Polimery, 2013, 58(5): 395-402.

[56] Bocz, K, Szolnoki, B, Wladyka-Przybylak, M, Bujnowicz, K, Harakaly, G, Bodzay, B, Zimonyi, E, Toldy, A, Marosi, G. Flame retardancy of biocomposites based on thermoplastic starch[J]. Polimery, 2013, 58(5): 385-394.

[57] Bocz K, Szolnoki B, Marosi, A, Tabi T, Wladyka-Przybylak M, Marosi G. Flax fibre reinforced PLA/TPS biocomposites flame retarded with multifunctional additive system[J]. Polym Degrad Stab, 2014, 106: 63-73.

[58] Shukor F, Hassan A, Islam MS, Mokhtar M, Hasan M. Effect of ammonium polyphosphate on flame retardancy, thermal stability and mechanical properties of alkali treated kenaf fiber filled PLA biocomposites[J]. Materials & Design, 2014, 54: 425-429.

[59] Suardana NPG, Ku MS, Lim JK.. Effects of diammonium phosphate on the flammability and mechanical properties of bio-composites[J]. Materials & Design, 2011, 32 (4): 1990-1999.

[60] Wu Z, Wei CY, Cui YZ, Lv LH, Wang, X. Study of flame-retardant cotton stalk bast fibers reinforced polylactic acid composites[J]. Adv Mater Res, 2012, 583: 228-231.

[61] Li SM, Ren J, Yuan H, Yu T, Yuan WZ.. Influence of ammonium polyphosphate on the flame retardancy and mechanical properties of ramie fiber-reinforced poly(lactic acid) biocomposites[J]. Polym Int, 2010, 59: 242-248.

[62] Woo Y, Cho D. Effect of aluminum trihydroxide on flame retardancy and dynamic mechanical and tensile properties of kenaf/poly(lactic acid) green composites[J]. Adv Compos Mater, 2013, 22(6): 451-464.

[63] 马海云, 宋平安, 方征平. 纳米阻燃高分子材料: 现状、问题及展望[J]. 中国科学: 化学, 2011, 41 (2): 314-327.

[64] Wei P, Bocchini S, Camino G. Nanocomposites combustion peculiarities. A case history: Polylactide-clays[J]. Eur Polym J, 2013, 49: 932-939.

[65] Bocz K, Domonkos M, Igricz T, Kmetty A, Barany T, Marosi, G. Flame retarded self-reinforced poly(lactic acid) composites of outstanding impact resistance[J]. Compos Part A-Appl S, 2015, 70: 27-34.

[66] Yu T, Jiang N, Li Y. Functionalized multi-walled carbon nanotube for improving the flame retardancy of ramie/poly(lactic acid) composite[J]. Compos Sci Technol, 2014, 104: 26-33.

[67] Dorez, G, Taguet, A, Ferry, L, Lopez-Cuesta, JM. Thermal and fire behavior of natural fibers/PBS biocomposites[J]. Polym Degrad Stabil, 2013, 98(1): 87-95.

[68] 冉诗雅, 陈超, 徐灵刚, 郭正虹. 单宁和聚磷酸铵对聚丁二酸丁二醇酯的催化成炭作用[J]. 高分子材料科学与工程, 2014, 30(11): 107-111.

[69] Gallo E, Schartel B, Acierno D, Cimino F, Russo P. Tailoring the flame retardant and mechanical performances of natural fiber-reinforced biopolymer by multi-component laminate[J]. Compos Part B-Eng, 2013, 44: 112-119.

7 生物质复合材料的老化

7.1 引 言

植物纤维主要成分为高分子量的纤维素与较低分子量的半纤维素、果胶、木质素等，这些物质的化学结构中均含有大量的羟基基团，这将导致植物纤维具有强的吸湿性能。同时，植物纤维细胞纤维内部含有空腔，为水分子在植物纤维内部提供了大量的额外空间。对植物纤维增强树脂基复合材料，植物纤维吸湿后，纤维性能改变，同时发生溶胀，并导致纤维树脂界面粘结退化，从而引起植物纤维复合材料力学性能退化，尺寸稳定性变差。同传统的碳纤维、玻璃纤维复合材料不同，植物纤维复合材料对湿热环境更为敏感，耐老化性能也相对较差。

除周围环境中的水分子的负面影响外，温度、紫外线等也会对植物纤维复合材料产生一定的老化作用，特别在温度与湿度耦合、温度交变等复杂环境下，植物纤维、植物纤维-树脂基体粘结等的性能以及树脂基体会发生加速退化，引起植物纤维复合材料的老化问题。

本章将给出植物纤维增强复合材料在湿度、湿热及其他环境下的老化规律与机理方面的最新研究结果。

7.2 湿度条件下植物纤维复合材料耐久性

7.2.1 植物纤维复合材料的吸湿性能

在湿度条件下，生物质复合材料吸湿率的高低是其耐老化性能的一个主要指标，而其吸湿率取决于植物纤维的表面处理、树脂基体及复合材料的制备工艺等因素。

如图 7-1 所示，苎麻纤维织物增强酚醛树脂模压板（纤维体积含量约为 40.4％）在相对湿度 50％、80％及 98％条件下吸收大量水分，湿度越大，平衡吸湿率越高。图 7-1 中的实线是基于 Fick's 定律对实测吸湿数据的拟合。表 7-1 给出了复合材料板材在上述湿度条件下的平衡吸湿率（M_m）及水分子的扩散吸数（D）。采用 Fick's 模型（公式 7-1）[1]对复合材料的吸湿性能进行理论计算。

$$M(t) = M_\infty \left\{ 1 - \exp\left[-7.3\left(\frac{Dt}{h^2}\right)^{0.75} \right] \right\} \tag{7-1}$$

式中，$M(t)$是试样在某一湿度下暴露 t 时间后的吸湿率，M_∞ 为试样平衡吸湿率，D 为水吸收扩散系数，h 为板材厚度（$h = 2.77mm$）。

由图 7-1 可见，随着湿度的提高，苎麻复合材料板的平衡吸湿率逐步提高；并且，在较低湿度条件下（即小于等于 80％相对湿度），实验数据较好地符合 Fick's 定律。对于 98％

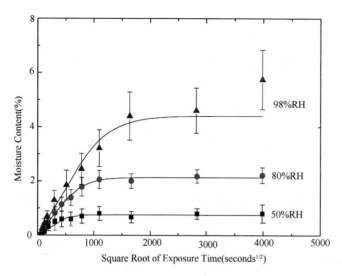

图 7-1　苎麻纤维增强复合材料模压板在 50%、80% 与 98%
相对湿度条件下的吸湿曲线

注：图中实线为 Fick's 模型模拟曲线。

相对湿度条件下，暴露 6 个月（最后测试点）后，其吸湿率明显开始高于 Fick's 模型预测，吸湿率接近 6%，远大于该湿度下的平衡吸湿率（4.4%，见表 7-1）。可以预期，植物纤维吸收大量的水分子，不可避免引起纤维的溶胀，从而导致材料内部树脂产生裂纹、纤维脱粘，形成新的水分子扩散与存留空间，导致过高的吸湿率，从而使测试结果偏离 Fick's 模型预测。

一般而言，树脂基复合材料的平衡吸湿率与相对湿度（ϕ）的对应关系如式（7-2）所示。

$$M_{\infty} = a\phi^b \qquad (7\text{-}2)$$

式中，a 与 b 是与材料特性有关的常数。针对上述体系，a 与 b 分别确定为 0.12 与 2.48，需要指出的是，对于碳纤维复合材料板材，a 与 b 均远远小于植物纤维复合材料体系，如碳纤维复合材料板材体系的 a 在 0.01 至 0.02 之间，而 b 约为 1[2]。较高的 a、b 值，说明植物纤维复合材料板材的吸湿性要远远高于碳纤维复合材料，这主要是由于植物纤维不同于碳纤维、玻璃纤维等，其本身具有极强的吸湿特性。

表 7-1　苎麻纤维增强酚醛树脂模压板在不同相对湿度下的平衡吸湿率（M_m）与扩散系数（D）

相对湿度（%）	M_m（wt. %）	D（mm^2/sec）
50	0.73	5.50×10^{-06}
85	2.09	2.08×10^{-06}
98	4.40	0.83×10^{-06}

对于在不同湿度环境暴露老化的植物纤维复合材料试样，在 60℃ 烘箱内烘干，确定烘干过程中试样的质量变化及力学性能。图 7-2 是烘干过程中，试样质量随时间平方根的曲线。x 轴采用时间平方根是基于水分子烘干过程也是一个扩散过程，理想状态符合 Fick's 定律[3]。试样的脱水率（W_t）由式（7-3）确定。

$$W_t = \frac{M_t - M_0}{M_0} \times 100 \qquad (7\text{-}3)$$

式中，M_t 为烘干 t 时间后的质量，M_0 为试样暴露前质量。

由图 7-2 可见，不同湿度条件下的浸泡试样，随着烘干时间延长，快速脱水，并趋于一个稳定值（约 -3%）。烘干后试样同浸泡前试样相比有 3% 的失重，这可能是由于酚醛树脂内部的未反应小分子（酚醛树脂）或溶剂（用于酚醛树脂－苎麻纤维预浸料制备）在 60℃

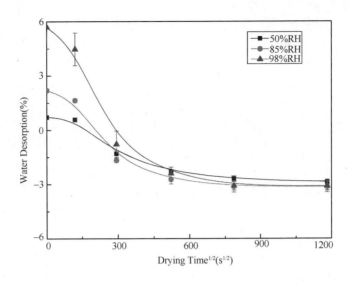

图 7-2 在不同湿度暴露 6 个月后苎麻增强酚醛复合材料板在 60℃的
脱水率与时间平方根曲线

下发生挥发所致。值得指出的是，不同的吸湿率并未对最终材料的失重比率产生大的影响，这也说明，苎麻纤维复合材料内部的水分子并未对树脂体系产生明显的降解作用。

总之，在常温环境下，植物纤维复合材料的吸湿率决定于环境的湿度，湿度越大，吸湿率越高；由于植物纤维的高吸湿性能，植物纤维复合材料板材的平衡吸湿率也远高于碳纤维等无机纤维增强复合材料。

7.2.2 湿度条件下植物纤维复合材料的力学性能退化

一般而言，环境湿度对碳纤维、玻璃纤维增强树脂基复合材料的力学性能（如拉伸性能、抗弯性能等）的影响非常有限。而对植物纤维复合材料，环境湿度的影响非常明显，特别是植物纤维复合材料的模量对环境湿度的敏感性更高。这主要是由于：

（1）植物纤维复合材料的吸湿度高。

（2）植物纤维吸湿后，其本身力学性能发生较大改变。

（3）植物纤维复合材料吸湿后发生溶胀，影响纤维与树脂基体的粘结，其增强作用发生改变。

图 7-3 是苎麻纤维织物增强酚醛树脂复合材料在不同湿度环境下暴露 6 个月后的拉伸应力-应变曲线，可见随着暴露湿度的增大，吸湿率提高，复合材料的断裂伸长率也逐步增加，其"二阶段拉伸"特性也更为明显，第一线性阶段与第二线性阶段转变所对应的拉伸应变相对稳定，约为 0.4%。同时，由图可见，复合材料的拉伸模量及拉伸强度也随着湿度环境的暴露发生明显退化。

图 7-4(a)～(c)总结了苎麻纤维增强酚醛树脂复合材料拉伸强度、模量及断裂伸长率在不同湿度下随着暴露时间的变化。可见，湿度暴露导致拉伸模量与拉伸强度均发生退化，湿度越大，退化程度增加。需要指出的是，相对拉伸强度，拉伸模量的退化幅度更大，如在高湿度环境下暴露 6 个月后，其拉伸模量残余量仅为初始值的一半[图 7-4(b)]，而拉伸强度为初始值的 80%以上[图 7-4(a)]。需要指出的是，这与传统的碳纤维、玻璃纤维复合材料

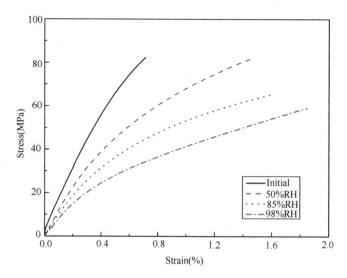

图 7-3 苎麻纤维织物增强酚醛树脂复合材料在不同湿度环境下
暴露 6 个月后拉伸应力应变曲线

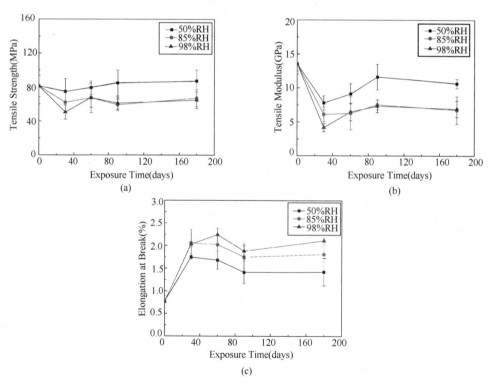

图 7-4 苎麻纤维增强酚醛树脂复合材料拉伸强度（a）、拉伸模量
（b）及断裂伸长率（c）在不同湿度下随暴露时间的变化

相反，一般而言，碳纤维或玻璃纤维复合材料的拉伸强度更易受湿热老化影响，而模量几乎不变。在湿度环境下，植物纤维吸收大量水分，导致纤维的刚度降低，从而复合材料的模量

显著退化；而对于碳纤维或玻璃纤维，纤维本身不吸收水分，纤维本身性能变化不大，老化主要发生在纤维-树脂界面的粘结及树脂本身，使得复合材料模量变化较小，而强度退化相对明显[4]。

同样由于植物纤维吸湿，纤维的断裂伸长率提高，导致植物纤维复合材料最终的断裂伸长率也随着浸泡时间的延长，发生较大增长，湿度越大，断裂伸长率越高 [图 7-4（c）]。在98%相对湿度暴露 6 个月后，复合材料的断裂伸长率最大增加了 177%。

湿度暴露不仅对苎麻纤维增强酚醛复合材料的拉伸性能具有重要影响，同时对纤维-树脂基体的粘结性能也有明显的劣化作用，如图 7-5 所示，在较高湿度暴露条件下（如大于等于 85%相对湿度），苎麻纤维增强酚醛复合材料的层间剪切强度发生明显退化。拉伸断裂试样断面的电镜照片也支持这样的结论，如图 7-6 所示，相对初始试样 [图 7-6（a）、（b）]，高湿度暴露试样断面内的亚麻纤维表面粘结的树脂基体非常少 [图 7-6（c）、（d）]。

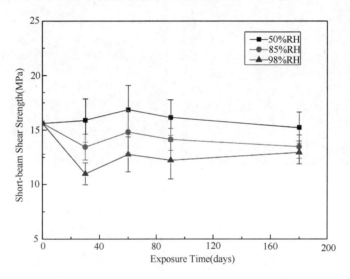

图 7-5　不同湿度条件下，苎麻纤维复合材料层
间剪切强度与暴露时间的关系

植物纤维复合材料在较高湿度条件下的性能退化，主要归因于较高水分的吸收，如图 7-7 所示，在苎麻纤维织物增强酚醛树脂复合材料的吸湿率低于 5%时，拉伸强度、模量及其层间剪切强度均线性降低；而当吸湿率高于 5%时，复合材料的性能并未发生进一步下降。这可能是由于，在较低吸湿率情况下，水分子主要存在于纤维或树脂基体内部，对纤维或树脂产生塑化作用，导致性能退化；而在较高吸湿率下，过多的水分子可能主要存在于试样的缺陷（如裂缝）或纤维-树脂脱粘处等，这部分水分子并不能够对树脂或纤维产生劣化作用，因此，并不会导致纤维复合材料的性能进一步劣化。

尽管由于吸湿导致植物纤维复合材料的性能发生明显劣化（图 7-7），但烘干后，植物纤维复合材料的性能可以得到大幅度的恢复，如表 7-2 所示，烘干后，复合材料拉伸性能甚至升高，而拉伸模量也大幅度恢复，但同老化前相比，仍有一定程度的退化，如 98%相对湿度暴露试样烘干后，其模量损失率达到 10.8%。同样，高湿度暴露复合材料的层间剪切强度烘干后有一定程度的恢复，但同拉伸性能相比，恢复的幅度较小。

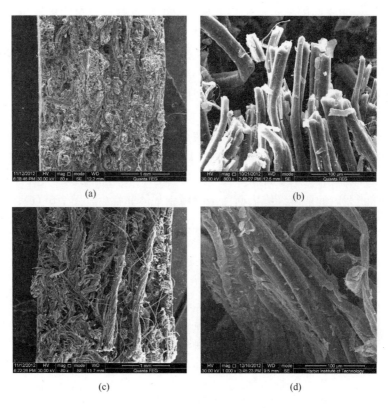

图 7-6　苎麻纤维增强酚醛树脂复合材料试样断面电镜照片
（a）、（b）未老化试样；（c）、（d）98％相对湿度下暴露 6 个月

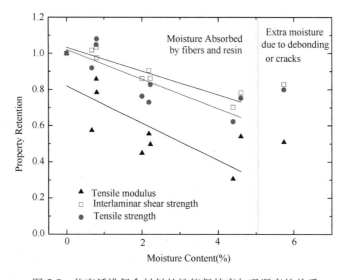

图 7-7　苎麻纤维复合材料的性能保持率与吸湿率的关系

表 7-2　烘干前后苎麻纤维复合材料（不同湿度暴露 6 个月）
拉伸性能与层间剪切性能的变化

Exposure Humidity (% RH)	Tensile Strength		Tensile Modulus		SBS Strength	
	variation due to exposure (%)	variation after drying (%)	variation due to exposure (%)	variation after drying (%)	variation due to exposure (%)	variation after drying (%)
50	4.8	6.2	−14.2	−5.7	3.3	2.7
85	−27.0	4.2	−44.5	−4.7	−9.5	−9.0
98	−24.7	−0.3	−45.9	−10.8	−21.8	−7.6

7.3　湿热条件下植物纤维复合材料耐久性

当植物纤维复合材料处于湿热环境时，在湿和热的共同作用下，材料的物理、化学及力学等各方面的性能都会发生明显变化，引起材料老化。

7.3.1　植物纤维复合材料的吸湿性能

如图 7-8 所示，采用 VA-RTM 成型工艺所制备的单向亚麻纤维织物增强环氧树脂层合板（纤维体积含量约为 37.1%）在 23℃、37.8℃和 60℃三种温度下的去离子水中吸湿率（采用称重法测定）的变化趋势，其中的实线是基于 Fick's 定律对实验数据的拟合。表 7-3 给出了复合材料在相应老化条件下的平衡吸湿率（M_m）及水分子的扩散系数（D），其中平

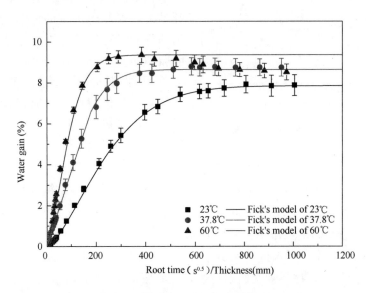

图 7-8　单向亚麻纤维增强环氧树脂层合板在 23℃、37.8℃和
60℃三种温度下的去离子水中的吸湿曲线
注：图中实线为 Fick's 模型模拟曲线。

衡吸湿率是材料在饱和吸水状态的最大吸湿率，水分子的扩散系数反映了材料吸湿的快慢。

由图 7-8 可见，三种温度下，复合材料在老化初期均以恒定的速率对水分进行吸收（图 7-8 吸湿曲线的线性段）；而随着老化时间的延长，吸湿速率逐渐下降直至材料达到吸湿平衡（图 7-8 吸湿曲线的非线性段）；在 60℃ 环境中，复合材料的增重率在老化 17 周后表现出明显的下降趋势。对比实验数据和 Fick's 模型曲线可以发现，23℃、37.8℃ 及 60℃ 老化 17 周前复合材料的吸湿满足 Fick's 模型，这一阶段材料吸湿是以扩散为主导的控制过程，浸入材料内部的水分子并没有引起材料不可逆转的物理变化或化学反应，复合材料中尚没有缺陷或损伤形成；而 60℃ 环境下老化 17 周后，复合材料的吸湿实验数据明显偏离 Fick's 模型，说明材料内部发生了不可逆的变化，导致了缺陷或损伤的出现。

表 7-3　亚麻纤维增强环氧树脂层合板在不同湿热环境中的平衡吸湿率
（M_{m}）与扩散系数（D）

老化环境（℃）	M_{m}（wt%）	D（mm²/sec）
23	7.245	1.414×10^{-06}
37.8	8.625	3.525×10^{-06}
60	9.365	11.924×10^{-06}

取 60℃ 老化 17 周的浸泡液进行傅里叶红外光谱检测，结果如图 7-9 所示。由图可知，与初始浸泡液去离子水相比，60℃ 环境中老化 17 周后复合材料的浸泡液中检测到了不同位置的特征峰。其中 2966cm⁻¹ 和 2929cm⁻¹ 处的特征峰是由甲基和亚甲基中的 C—H 伸缩造成的，代表了降解物中存在官能团甲基和亚甲基；1600～1650cm⁻¹ 之间的特征峰对应着不饱和果胶；1735cm⁻¹ 处的特征峰对应着半纤维素乙酰基中羰键的伸缩振动；1430cm⁻¹ 出的特征峰对应着纤维素分子中亚甲基的弯曲振动；1370cm⁻¹ 和 1340cm⁻¹ 处的特征峰对应着纤维素分子中醇氢基的变形振动；1320cm⁻¹ 处的特征峰对应着纤维素分子中亚甲基的摇摆振动；1100cm⁻¹ 处的特征峰对应着对称糖苷伸缩（C—O—C）或环相伸缩；

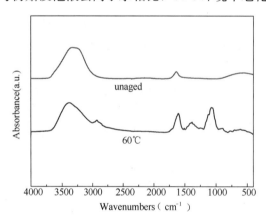

图 7-9　老化浸泡液的 FITR 的实验检测结果

1060cm⁻¹ 处的特征峰对应着纤维素分子骨架（C—OH）的伸缩振动；1035cm⁻¹ 处的特征峰主要对应着纤维素中多糖成分中的伯醇（C—O）；900cm⁻¹ 处的特征峰对应着纤维素分子骨架的相环拉伸。由此可以判断，亚麻纤维中的果胶、半纤维素和未高度结晶化的纤维素发生了降解，从而使复合材料的吸湿不再满足 Fick's 模型[5]。

进一步对比表 7-3 中三种温度下水分子在复合材料中的扩散系数 D 可以发现，温度越高，扩散系数 D 值越大，材料吸水速率越快，达到吸湿平衡所需的时间越短。这一规律与 Arrhenius 定律中所描述的温度对化学反应速率常数的影响非常相似。故可对复合材料不同温度下的扩散系数 D 进行 Arrhenius 拟合。扩散系数 D 与老化环境绝对温度 T 的关系可用 Arrhenius 方程表示为式（7-4）。

$$D = D_0 \exp\left(\frac{E_a}{RT}\right) \qquad (7\text{-}4)$$

式中，D_0 为扩散常数，E_a 为活化能，R 为摩尔气体常数，8.3144J/（mol·K），T 为绝对温度。对式（7-4）进行对数形式变换，然后以 $\ln D$ 为纵坐标，$1/T$ 为横坐标作实验数据的线性拟合，如图 7-10 所示，则该直线方程的斜率为 $-E_a/R$，在 y 轴上的截距为 $\ln D_0$，由此可分别求得 E_a 与 D_0，见表 7-4。由此可得水分子在复合材料中的扩散系数 D 的 Arrhenius 方程，如式（7-5）。这样，实验中虽然只监测了 23℃、37.8℃和 60℃三种温度下复合材料的吸水情况，

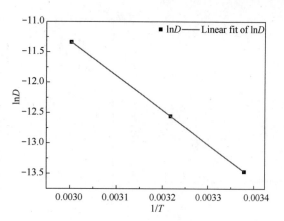

图 7-10　单向亚麻纤维增强环氧树脂复合材料三个实验温度下扩散系数的 Arrhenius 对数拟合

但根据方程（7-5）却可知任一温度下水分子在该复合材料中的扩散情况。

表 7-4　单向亚麻纤维增强环氧树脂复合材料 Arrhenius 参数

E_a（mol/J）	D_0（mm^2/s）	R^2
47218.86	3.0437E^{-4}	1

$$D_c = 3.0437 \times 10^{-4} \exp\left(-\frac{47218.86}{RT}\right) \qquad (7\text{-}5)$$

式中，D_c 表示水分子在单向亚麻纤维增强环氧树脂复合材料的扩散系数。

7.3.2　湿热环境中植物纤维复合材料的物理溶胀

湿热作用首先会引起植物纤维复合材料的物理溶胀。图 7-11 总结了亚麻纤维增强环氧树脂复合材料的截面尺寸随浸润时间的变化。由图可见，在浸润初期，试样的截面尺寸随时间增大，这主要是由于初期复合材料吸湿率较大，进入材料的水分使得亚麻纤维和环氧基体发生溶胀；当材料吸水饱和后，其截面尺寸不再明显变化，基本趋于稳定；而 60℃老化 17 周后，试样的截面尺寸表现出下降趋势，主要是由亚麻纤维的降解所造成的。与此同时，进一步研究发现，在亚麻纤维发生降解前，复合材料的吸湿率和截面增长率之间呈线性关系，如图 7-12 所示。

7.3.3　湿热环境中植物纤维复合材料力学性能的变化

植物纤维复合材料在水浸情况下，力学性能也会发生明显的变化。图 7-13 总结了单向亚麻纤维增强环氧树脂复合材料拉伸强度、模量及断裂伸长率在不同温度下随着浸泡时间的变化，为了更好地反映材料的吸水对材料性能的影响，亚麻纤维增强环氧树脂复合材料的吸水率随时间的变化也绘制在了各图中。由图 7-13（a）可见，复合材料的拉伸强度随着老化时间的延长先上升，再下降，持平之后再下降。

拉伸强度的上升是由亚麻纤维在水合作用下微纤角的改变所引起的。植物纤维区别于合成纤维最突出的结构特点就是其多尺度、多壁层的微观结构。图 7-14 是亚麻纤维的微观结

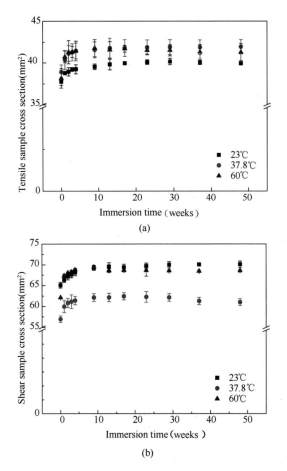

图 7-11　亚麻纤维增强环氧树脂复合材料的截面尺寸
随浸润时间的变化
（a）拉伸试样；（b）剪切试样

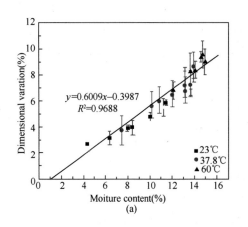

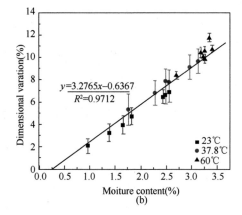

图 7-12　亚麻纤维增强环氧树脂复合材料的截面尺寸变化率随吸水率的变化
（a）拉伸试样；（b）剪切试样

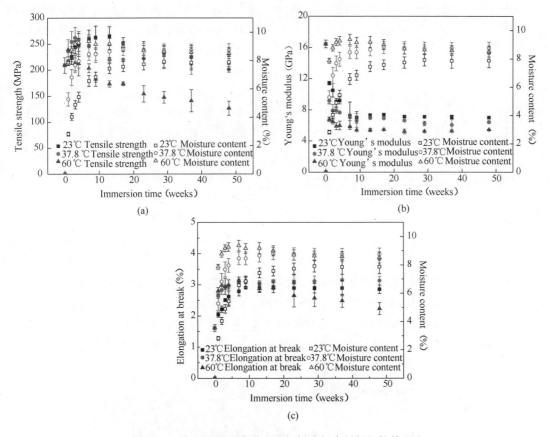

(a)

(b)

(c)

图 7-13　单向亚麻纤维增强环氧树脂复合材料的拉伸强度、
拉伸模量及断裂伸长率在不同温度下随浸润时间的变化
（a）拉伸强度；（b）拉伸模量；（c）断裂伸长率

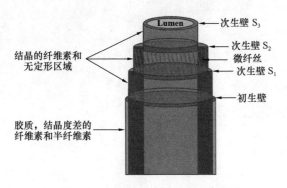

图 7-14　亚麻纤维的微观结构示意图

构示意图。通常单根亚麻纤维由外到内依此包含初生壁、次生壁和内部空腔，而次生壁由外
到内又分为 S_1、S_2 和 S_3 层。其中 S_2 是由大量的晶态纤维素螺旋排列而成的。晶态纤维素
与纤维轴之间所成的角被称为微纤角。微纤角这一结构对植物纤维的强度和模量有至关重要
的影响。当复合材料中的亚麻纤维吸水后，由于亚麻纤维的不同壁层、不同组分对水分具有
不同的吸收和结合作用，从而导致亚麻纤维的微纤角发生改变。图 7-15 是老化前及老化 17

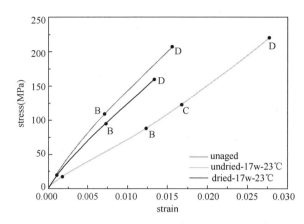

图 7-15　亚麻纤维增强环氧树脂复合材料拉伸
应力-应变曲线

周吸湿和烘干两种状态下亚麻纤维增强环氧树脂复合材料拉伸应力-应变曲线。由图可见，老化前和老化后烘干状态下材料的应力-应变曲线都是典型的两线性段（OA，BD）曲线，而老化后吸湿状态下曲线变为三线性段（OA，BC，CD）曲线。这一变化意味着植物纤维吸水后微纤角发生了改变，从而亚麻纤维自身强度上升进一步导致复合材料的拉伸强度上升。

随着材料吸水进一步增多，亚麻纤维发生溶胀。由于内部不同的壁层含有不同的组分，因而具有不同的溶胀行为，这样在膨胀应力的作用下就会导致亚麻纤维自身开裂。图 7-16 是老化前后亚麻纤维的微观结构和亚麻纤维增强环氧树脂复合材料拉伸破坏后的断面形貌电镜照片。由图 7-16（a）可以看到，老化前亚麻纤维结构完好；而在 60℃老化 7 周后，亚麻纤维开裂同时壁层间发生剥离，如图 7-16（b）～（d）所示。相似的实验结果在亚麻纤维增强环氧树脂复合材料

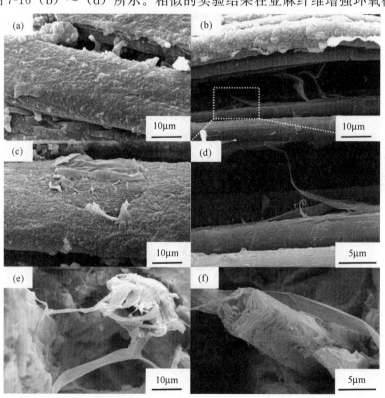

图 7-16　（a）未老化的亚麻纤维微观结构；（b）～（d）60℃老化 7 周的亚麻纤维微观结构；
（e）37.8℃老化 7 周的亚麻/环氧复合材料拉伸断面形貌；（f）60℃老化 3 周的
亚麻/环氧复合材料拉伸断面形貌

中也观察到了，如图 7-16（e）～（f）所示。亚麻纤维在水合作用下结构的破坏导致了复合材料强度的下降。

随着老化时间的进一步延长，当复合材料达到吸湿平衡后，强度在一定时间内也逐渐趋于稳定，基本不再变化。而 60℃老化 17 周后，当亚麻纤维内部的果胶、半纤维素和未结晶化的纤维素发生降解后，由于荷载不能有效地传递给起承载作用的微纤丝，复合材料的强度表现出二次下降的趋势。

图 7-13（b）和图 7-13（c）的实验结果显示，亚麻纤维增强环氧树脂复合材料的模量随老化时间先下降后持平，断裂伸长率则先上升后持平再下降。这主要是由于老化前期，浸入材料内部的水分，打破了分子间作用力，网络结构被破坏，分子链舒展，分子间距离增大，材料发生塑化，从而模量下降，断裂伸长率上升；而随着老化时间的延长，当材料达到吸湿平衡后，水分子的塑化作用不再增强，模量和断裂伸长率也基本稳定。而 60℃老化 17 周后，当亚麻纤维内部的果胶、半纤维素和未结晶化的纤维素降解后，胶粘物质的减少使得材料脆化，故断裂伸长率表现出下降趋势。

同时，水合作用对植物纤维复合材料的界面性能也具有明显的影响，如图 7-17 所示，单向亚麻纤维增强环氧树脂板材的剪切强度在水合作用下的变化趋势为上升—下降—持平—再下降。这里剪切强度的上升是由纤维和基体吸水后不同程度的溶胀所导致的。表 7-5 显示了老化 17 周亚麻纤维增强环氧树脂复合材料和相同工艺条件下纯环氧浇注体的截面尺寸变化实验数据，由此可知，亚麻纤维的溶胀作用大于环氧基体。这样，亚麻纤维就会产生作用于基体的径向膨胀应力。老化初期，由于材料的吸水率相对较低，亚麻纤维的溶胀较弱，所产生的膨胀应力较小。但这一应力却足以增大纤维与基体之间的挤压作用，从而使界面性能增强；随着吸水的增多，膨胀应力相应增大，当这一应力超过环氧基体的承载能力后，就会造成纤维周围的基体开裂［图 7-18（b），图 7-18（a）显示老化前界面粘结良好］，导致界面性能下降；而老化后期亚麻纤维的降解会进一步导致复合材料界面的脱粘，图 7-18（c）、（d）清楚显示了亚麻纤维复合材料界面脱粘后所产生的间隙。

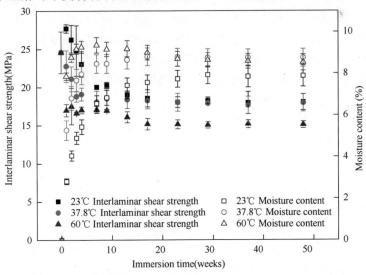

图 7-17 单向亚麻纤维复合材料不同温度下层间剪切强度与
浸润时间的关系

表 7-5　老化 17 周亚麻纤维增强环氧树脂复合材料和环氧浇注体的截面尺寸变化率

老化环境 （℃）	截面尺寸变化率（%）	
	环氧浇注体	亚麻/环氧复合材料
23	0.341313	6.642531
37.8	0.77298	9.625104
60	3.207582	10.56236

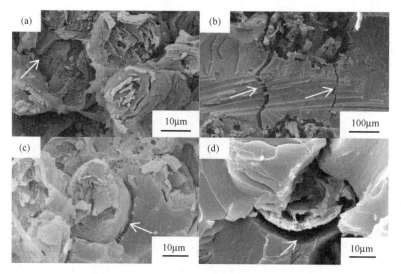

图 7-18　亚麻纤维增强环氧树脂复合材料老化前后的脆断试样形貌图
(a) 未老化；(b) 23℃老化 17 周；(c) 37.8℃老化 17 周；(d) 60℃老化 17 周

　　虽然植物纤维复合材料在水合作用下的性能变化明显，但值得指出的是这些性能变化具有一定的可逆性，即当水分去除后，材料性能可以恢复。图 7-19 (a)、(b) 总结了烘干处理后的单向亚麻纤维增强环氧树脂复合材料拉伸强度和层间剪切强度随浸润时间的变化。由图可以看出，复合材料的拉伸和界面性能在室温下老化前期由溶胀和塑化所导致的性能变化是可逆的；而当材料开裂、剥离、降解后，性能的变化才不可逆转。

7.3.4　湿热环境中植物纤维复合材料的老化机理

　　植物纤维复合材料在湿热环境下的老化机理总结如图 7-20 所示。

　　首先，在老化初期，水分可以通过从高浓度到低浓度的扩散，以及植物纤维内部空腔进入复合材料的内部 [图 7-20 (a)]；当复合材料吸水后，由于亚麻纤维内部空腔的物理溶胀，以及纤维组分半纤维素和纤维素中游离的羟基与水分子的化学结合，导致植物纤维溶胀，在此过程中亚麻纤维 S_2 层的微纤角发生变化。当纤维溶胀所产生的膨胀应力为树脂基体所不能承担时，纤维周围的基体开裂 [图 7-20 (b)]；而亚麻纤维不同壁层、不同的成分对水分具有不同的吸收与结合机理，进一步导致了纤维自身的开裂与壁层间的剥离，裂纹的产生进一步促进了材料对水分的吸收，随着这一过程的累积，亚麻纤维内部的果胶、纤维素和半纤维素发生降解，释放的小分子在界面处形成渗透液，产生渗透压更加促进材料吸水。当这些

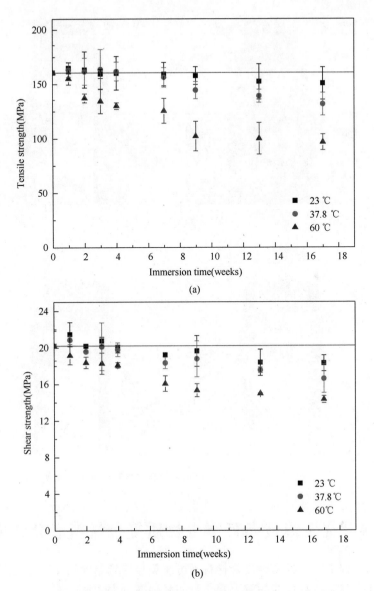

图 7-19　烘干处理后单向亚麻纤维增强环氧树脂复合材料的拉伸强度、
层间剪切强度在不同温度下随浸泡时间的变化
（a）拉伸强度；（b）层间剪切强度

小分子被水分子带出材料后，最终造成了亚麻纤维和树脂基体的界面脱粘［图 7-20（d）］。

　　上述老化行为对材料性能的影响可总结为三个阶段：第一阶段是由水分子塑化作用和材料物理溶胀所主导的，这一阶段材料中尚无损伤产生，性能变化是可逆的，力学行为表现为黏弹性行为；第二阶段是复合材料中的亚麻纤维和环氧基体裂纹萌生和扩展的阶段；第三阶段是由复合材料中的亚麻纤维内部果胶、半纤维素和未晶化的纤维素的水解主控。第二和第三阶段材料中均产生了不可逆转的损伤，力学行为需考虑损伤机制[5]。

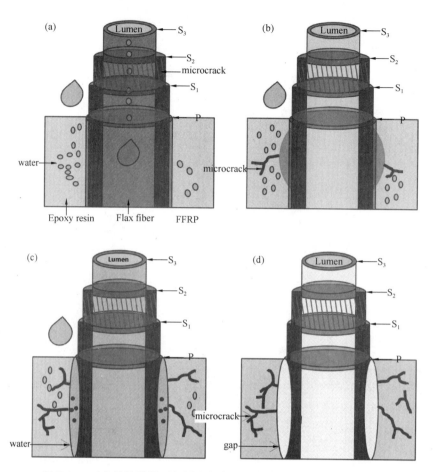

图 7-20　亚麻纤维增强环氧树脂复合材料湿热环境中的老化机理图

7.4　交变温度条件下生物质复合材料老化性能

在实际应用过程中，植物纤维复合材料不可避免会遇到温度的交变，特别是在高湿度环境下，温度交变会引起材料性能的较大变化，如吸湿率、力学性能等。

高湿（98%相对湿度）条件下，温度交变（25～55℃）将导致植物纤维复合材料更高的吸湿率。如将苎麻纤维增强酚醛树脂模压板暴露于98%相对湿度条件下，环境温度分别为25℃，60℃或交变温度（参考 GB/T 2423.4—2008：24h 一循环，10℃/min 温度由 25℃升至 55℃，保持 9h，然后 3h 内降温至 25℃，在该温度下保持 9h）。图 7-21 为 25℃与交变温度下，复合材料板吸湿曲线，可以看出交变温度导致板材的吸湿率（约 7.9%）远远高于常温（25℃）条件下的吸湿率（约 4.7%）。同时，需要指出的是，即使在更高温度（60℃）同样湿度（98%相对湿度）下，苎麻纤维复合材料板材的平衡吸湿率为 6.7%，仍旧小于温度交变条件下的吸湿率。

温度交变引起植物纤维复合材料的高吸湿性能，可以归因于交变温度导致植物纤维与树脂基体的界面脱粘。在室温至 55℃温度范围内，植物纤维的热膨胀系数是负值，远远低于树脂基体。因此，温度交变将不可避免在纤维-树脂界面产生较大的剪切应力，导致界面脱

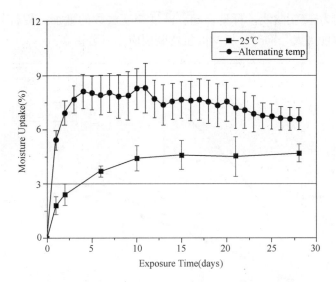

图 7-21 在交变温度（25～55℃）或常温（25℃）与98％相对
湿度下苎麻纤维复合材料板材的吸湿曲线

粘或树脂裂纹，这些脱粘界面与裂纹不仅为水分子的吸收与扩散提供了新的通道，同时也为水分子在体系内的存在提供更多空间，亦即高的吸湿率。

　　温度交变对植物纤维-树脂基体界面粘结性能的劣化作用，可以从苎麻纤维复合材料板材层间剪切强度的测试结果得到。如图 7-22 所示，苎麻纤维板材的层间剪切强度对温度交变非常敏感，经 28 次交变循环后，层间剪切强度仅为初始值的 54.7％。

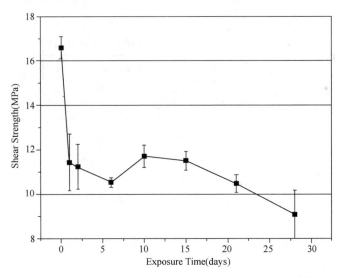

图 7-22 在交变温度（25～55℃）与98％相对湿度下苎麻纤维复合材料
板材的层间剪切强度退化曲线

　　高湿条件下，温度交变对植物纤维复合材料板的力学性能也有较大的影响。首先，由于植物纤维吸湿，强度与模量降低，伸长率增加；其次，植物纤维-树脂界面粘结退化（图 7-22），植物纤维的增强作用也会有一定的降低。图 7-23 给出了苎麻纤维复合材料板在温度交变条件下的弯曲应力-应变曲线。可见，随着温度交变次数的增加，板材的抗弯强度逐步降低，而模量下降幅度更大，同时，板材的抗弯断裂应变显著提高。

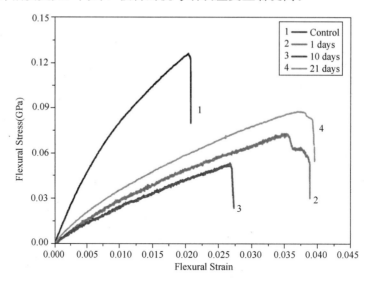

图 7-23　交变温度（25～55℃）与 98％相对湿度对苎麻纤维复合
材料板材的抗弯应力-应变曲线的影响

表 7-6 所示结果进一步说明了温度交变会加速植物纤维复合材料板材力学性能的退化。在同样湿度条件下，即使环境温度高于温度交变的最大温度，其抗弯性能及层间剪切性能均高于温度交变试样。

表 7-6　不同环境温度（98％相对湿度）暴露 28 天后，苎麻纤维复合
材料板材的抗弯强度、模量及层间剪切强度保留率

Temperatures (℃)	Retention of the flexural strength (%)	Retention of the flexural modulus (%)	Retention of SBS strength (%)
25	90.5	41.3	70.3
60	83.4	49.3	63.2
25～55	82.1	38.0	54.7

需要特别指出的是，高湿与温度交变老化后的植物纤维复合材料板材，即使完全烘干后，其力学性能也有较大的损失。如表 7-6 所示，相应板材完全烘干后，板材的层间剪切强度恢复至 12.8MPa（初始值的 22.9％）。这也进一步说明，温度交变对植物纤维-树脂基体界面的劣化作用显著。

基于上述结果，可见，由于植物纤维与树脂的热膨胀系数不匹配，温度交变将在纤维与树脂间界面产生较大的应力，导致界面性能退化。因此，同常温条件相比，温度交变将导致植物纤维复合材料的吸湿率更高，力学性能退化更为显著。

参考文献

[1]　Xian G．，et al．．Durability study of ramie fiber fabric reinforced phenolic plates under humidity condi-

tions[J]. Science and Engineering of Composite Materials, 2016, 23(1): 45-52.

[2] Loos A. C., G. S. Springer. Moisture Absorption of Graphite-Epoxy Composites Immersed in Liquids and in Humid Air[J]. Journal of Composite Materials, 1979, 13: 131-147.

[3] Karbhari V. M., G. J. Xian. Hygrothermal effects on high V-F pultruded unidirectional carbon/epoxy composites: Moisture uptake[J]. Composites Part B-Engineering, 2009, 40(1): 41-49.

[4] Kafodya I., G. Xian, H. Li. Durability study of pultruded CFRP plates immersed in water and seawater under sustained bending: Water uptake and effects on the mechanical properties[J]. Composites Part B-Engineering, 2015, 70: 138-148.

[5] Yan Li, Bing Xue. Hydrothermal ageing mechanisms of unidirectional flax fabric reinforced epoxy composites[J]. Polymer Degradation and Stability, 2016, 126: 144-158.

8 生物质复合材料的工业应用

8.1 由植物纤维到复合材料用连续增强纤维材料

植物纤维纱线是由天然、有限长度的麻纤维通过加捻制备而成的连续长纤维。植物纤维的主要成分为纤维素、半纤维素、木质素和水溶性杂质等,理论上讲,纤维中纤维素的含量越高,纤维单丝的力学性能就越高。但是,针对服装面料用途,为了得到表面质量完好、颜色均匀的面料级织物,传统的麻纱线制备并不特别关注纱线的力学性能。

在传统的麻纱制备过程中,"打纤"主要针对较细的纱线,用机械力除碎胶质,使纱线更加柔软;"去毛"使用燃烧的火焰快速烧掉织物表面的毛絮,"蒸煮"使用碱溶液在高压和一定温度下除掉上浆剂,"精炼"是为了得到高级细支数的麻纱,而"漂白"的目的仅仅是为了最终产物的颜色等,所有这些工艺均会不同程度的化学、物理或机械地损伤原麻的纤维结构,从而削弱了原麻的基础性能。因此,为了设计制备增强复合材料用连续植物纤维材料,有必要研究这些工艺对植物纤维纱线的影响规律。

以苎麻纤维为例,选取表 8-1 中给出的 6 种处理工艺进行纤维性能的研究。表 8-1 中 A 为一个"化学脱胶"(酸浸+碱浸+酸洗)后直接纺纱的短流程工艺,纱线参数为 21×21 支;B 为 A 工艺的一个加长流程;C 为一个针对高支数纱线(36×36 支)的长流程工艺;D 相比于 B 工艺省略了"去毛";E 相比于 A 工艺增加了一个"热水洗"处理;F 则以"生物酶脱胶"代替了 E 工艺的"化学脱胶"处理。然后,将所制得的苎麻纤维束经"退捻"处理,得到苎麻单根纤维,根据 ASTM D3822—07 标准测试其平均拉伸强度和断裂伸长率,结果见表 8-2。将以上 6 种工艺获得的织物依据 GB/T 5889—86 标准做成分分析和拉伸性能测试,并以拉伸性能来评判,由表 8-2 知,尽管数据的分散性很大,相互依赖关系也不强烈,但仍可以看出,A 工艺非常简单(省钱),其产物的力学性能较好;而 E、F 工艺相比 A 工艺,"生物酶脱胶"加额外的"热水洗"均导致织物的力学性能下降。工艺 C 针对大支数纱线(36×36 支),其拉伸性能较低,主要原因为纤维经过"打纤"和"精炼"工艺,而这两步骤都是针对细纱的,这些处理均不可避免地破坏了原麻的结构,使纤维的拉伸强度下降。

表 8-1 不同织物的处理工艺和纱线参数

织物编号	处理工艺	纱线支数
A	化学脱胶→纺纱	21×21S
B	化学脱胶→纺纱→去毛→蒸煮→漂白	21×21S
C	化学脱胶→打纤→精炼→纺纱→去毛→蒸煮→漂白	36×36S
D	化学脱胶→纺纱→蒸煮→漂白	21×21S
E	化学脱胶→纺纱→热水洗	21×21S
F	生物酶脱胶→纺纱→热水洗	21×21S

表 8-2　不同织物成分含量和纤维力学性能

项　目	A	B	C	D	E	F
水溶物含量(%)	6.1	0.4	0.3	0.3	2.1	2.2
半纤维素含量(%)	2.7	2.7	2.0	1.7	3.5	3.1
木质素含量(%)	0.2	0.5	0.05	0.03	0.5	0.1
纤维素含量(%)	90.2	96.5	97.3	97.6	93.3	93.8
纤维强度(MPa)	601	609	548	599	528	477
强度 CV 值(%)	68.8	49.3	38.4	56.9	50.2	36.3
断裂伸长率(%)	2.63	3.88	4.14	3.31	2.75	3.01
断裂伸长率 CV 值(%)	27.7	18.4	16.3	23.5	25.1	22.9

进一步地，我们又以苎麻缎纹织物为对象，研究了纱支数（单丝直径）、编织参数、工艺过程和纱线捻数等对复合材料力学性能的影响，基体树脂选阻燃的不饱和聚酯，测试结果见表 8-3。可以发现，细纱（36×36 支，C 工艺）由于需要"打纤"和"精炼"，其缎纹织物的拉伸性能相比于 B 工艺和 D 工艺的粗纱（21×21 支）较低，特别是 D 工艺，由于 D 工艺省略了"去毛"可能带来的物理损伤，其力学性能更高一些。值得重视的是，"退捻"苎麻纱线缎纹织物的复合材料力学性能较有捻织物复合材料均很高。由苎麻单丝纤维的测试结果可知（表 8-3），"生物酶脱胶"的 E、F 工艺相比于"化学脱胶"的 C、B 和 D 工艺，其纤维拉伸性能要差一些。

表 8-3　两种苎麻织物增强复合材料的力学性能比较

缎纹织物主要工艺参数		编织参数	纤维体积分数(%)	拉伸强度(MPa)	拉伸模量(GPa)	弯曲强度(MPa)	弯曲模量(GPa)	冲击强度(kJ/m²)
树脂浇铸体		—	—	38.4	7.5	80.6	7.5	5.4
缎纹	C 工艺	36×36, 108×76	40	76.8	11.6	126.1	9.6	—
	B 工艺	21×21, 80×84	40	80.7	13.4	128.7	10.8	—
	D 工艺	21×21, 80×84	40	90.4	12.4	149.8	12.2	—
	E 工艺＋捻系数降低约 10%	21×21, 80×84	40	105.2	15.6	145.3	11.7	26.2
	E 工艺＋捻系数降低约 10%	21×21, 64×66	40	110.2	15.5	135.1	10.3	—
	F 工艺＋捻系数降低约 10%	21×21, 80×84	40	104.2	14.9	146.7	11.1	28.9
斜纹	A 工艺	21×21, 64×66	40	81.5	12.0	122.4	10.0	—
	B 工艺	21×21, 64×66	40	83.5	13.9	121.2	10.3	10.0
	E 工艺＋捻系数降低约 10%	21×21, 64×66	40	109.2	15.7	123.5	8.9	—

表 8-4 为偶联剂处理苎麻纤维织物后复合材料的力学性能，采用硅烷偶联剂 KH570 或 GMA 处理织物，2% 乙醇溶液，110 ℃，10min，复合材料的拉伸性能和弯曲性能均有所提高。

表 8-4　偶联剂处理植物纤维织物后复合材料的力学性能

处理条件	纤维体积分数(%)	拉伸强度(MPa)	拉伸模量(GPa)	弯曲强度(MPa)	弯曲模量(GPa)
未偶联处理	40	83.5	13.9	121.2	10.3

续表

处理条件	纤维体积分数（%）	拉伸强度（MPa）	拉伸模量（GPa）	弯曲强度（MPa）	弯曲模量（GPa）
KH570，中性，2％乙醇溶液，风干	40	95.5	12.4	111.5	8.9
KH570，pH＝4，2％乙醇溶液，风干	40	90.3	16.4	111.1	9.3
KH570，中性，2％乙醇溶液，100 ℃/10min	40	118.4	15.7	122.6	10.4
KH570，中性，2％乙醇溶液，水洗，110 ℃/10min	40	115.1	14.9	120.7	8.9
GMA 处理，中性，2％乙醇溶液，110 ℃/10min	40	112.1	14.7	95.1	8.5
HEMA，中性，2％乙醇溶液，110 ℃/10min	40	81.9	10.6	77.0	6.6

图 8-1 是织物经不同工艺处理后复合材料的断面扫描电镜照片。其中图 8-1（a）中复合材料的织物未经过偶联剂处理，可以看到纤维从基体中拔出的现象，可见纤维和基体界面处的粘结性能较差，应力无法传递。图 8-1（b）的断面相对较平整，纤维和基体基本是同时断裂，可以认为是偶联剂改善了纤维和基体的界面。而提高了的拉伸强度也证明了这点。

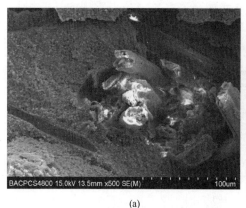 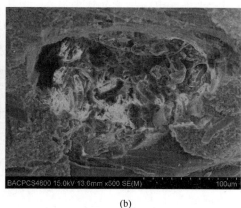

（a）　　　　　　　　　　　　　　（b）

图 8-1　复合材料断面扫描电镜照片

（a）未处理织物；（b）中性偶联剂，110℃处理织物

众所周知，植物纤维用于成衣业总是以织物（布）的形式出现，而纤维增强复合材料为了体现其力学性能，通常采用连续纤维单向排列形式，因此有必要研究单向植物纤维增强复合材料的基本性能。采用模压工艺制备单向（UD）苎麻纤维增强酚醛树脂（Cycom 6070）复合材料层合板，以苎麻纤维的表面增容处理和纤维体积分数（V_f）为变量，按照 ASTM 力学性能测试标准测试其力学性能，得到的力学性能结果见表 8-5，同时，苎麻单向纤维复合材料的力学性能还与玻璃纤维复合材料以及苎麻织物复合材料的力学性能进行了比较。

表 8-5　Cycom 6070 酚醛树脂复合材料层合板的力学性能

性　能	处理方法	V_f50％苎麻 UD，无增容处理	V_f60％苎麻 UD，无增容处理	V_f60％苎麻 UD，表面增容处理	V_f60％玻纤 UD	V_f60％苎麻织物，无增容处理
拉伸强度(MPa)		218.6	317.8	326.3	550.0	79.4
拉伸模量(GPa)		29.9	34.6	38.2	42.9	13.4

性 能 \ 处理方法	V_f50%苎麻 UD，无增容处理	V_f60%苎麻 UD，无增容处理	V_f60%苎麻 UD，表面增容处理	V_f60%玻纤 UD	V_f60%苎麻织物，无增容处理
压缩强度（MPa）	202.7	167.6	212.7	381.3	150.0
压缩模量（GPa）	27.6	29.4	32.2	46.8	12.2
弯曲强度（MPa）	317.0	297.2	349.6	570.7	133.3
弯曲模量（GPa）	27.8	25.6	32.2	40.1	10.7
层间剪切强度（MPa）（跨距 4∶1）	33.9	37.1	41.0	23.5	18.0
层间剪切强度（MPa）（跨距 5∶1）	29.6	29.2	33.9	22.8	15.2

显而易见，（1）在苎麻纤维不经增容处理的条件下，随苎麻纤维体积分数的增加，复合材料的拉伸强度和模量同步增加，反映了单向纤维增强复合材料的混合定律，也包括层间剪切强度，但压缩及弯曲强度却反之下降。（2）苎麻纤维经表面处理（KH550 偶联剂表面处理），其所有力学性能均有所提高，说明植物纤维的表面增容处理非常必要。（3）与同样体积分数的玻璃纤维（无碱玻璃纤维）增强复合材料相比，苎麻纤维增强复合材料的主要性能指标均有所落后；唯独复合材料的层间剪切强度优于玻纤增强复合材料，这一方面可能由于 Cycom 6070 酚醛树脂与玻纤的界面结合较弱，另一方面也反映了苎麻纤维的粗糙表面有利于提升层间连接。（4）与单向纤维增强的复合材料相比，苎麻斜纹/缎纹织物增强复合材料的力学性能稍逊，这个现象也符合复合材料增强性质的基本规律。

表 8-6 为单向苎麻纤维增强 Cycom 6070 酚醛树脂基复合材料的其他的力学性能指标，其中苎麻纤维体积分数 60%，苎麻纤维未经增容处理。

表 8-6　G-uRamie-6070-60 层合板的力学性能

面内剪切	强度（MPa）	20.6
	模量（GPa）	2.53
开口压缩	强度（MPa）	67.3
	模量（GPa）	20.7
Ⅰ型断裂韧性	初始值（J/m²）	183.4
	延展（J/m²）	570.2
Ⅱ型断裂韧性	初始值（J/m²）	163.3
	延展（J/m²）	952.8
冲击后压缩强度	MPa	45.0

类似地，采用模压工艺制备了苎麻纤维增强环氧树脂（3233 中温 120℃/2h 固化环氧树脂，北京航空材料研究院/中航复材公司）复合材料层合板，其力学性能见表 8-7。

表 8-7　3233 环氧树脂复合材料层合板的力学性能

性能 \ 处理方法	V_f60%苎麻 UD，无增容处理	V_f60%苎麻 UD，表面增容处理	V_f60%玻纤 UD	V_f60%苎麻织物，无增容处理
拉伸强度（MPa）	270.3	270.2	607.0	49.80

续表

处理方法 性能	V_f60%苎麻 UD，无增容处理	V_f60%苎麻 UD，表面增容处理	V_f60%玻纤 UD	V_f60%苎麻织物，无增容处理
拉伸模量(GPa)	37.5	37.8	40.4	2.58
压缩强度(MPa)	154.0	142.5	523.4	—
压缩模量(GPa)	35.6	36.1	41.1	—
弯曲强度(MPa)	336.2	320.3	905.5	96.5
弯曲模量(GPa)	31.5	32.2	39.3	2.00
层间剪切强度(MPa)（跨距 4：1）	26.4	23.1	54.6	—
层间剪切强度(MPa)（跨距 5：1）	24.9	20.5	51.2	—

对于这种环氧树脂复合材料，在纤维体积含量相同的情况下，是否进行纤维表面处理看起来对复合材料力学性能的影响不太大，而层间剪切性能甚至有所恶化，可能原因是苎麻纤维本身吸附的水在加工的温度范围内缓慢释放，和纤维表面的环氧基反应，阻止了环氧基和偶联剂中的胺基的反应，起不到偶联剂应有的作用。

由以上研究可以初步判断，(1) 苎麻纤维被处理得越细，其对纤维的力学性能损伤就越大，"打纤"和"精炼"等可能损伤原麻结构的工艺应避免。同理，"去毛"和"蒸煮"也可能损伤纤维，这两者无论从保护原麻结构，还是从简化工艺、降低成本考虑，均可以省略。(2) 在相同纱线支数，相同经纬向密度的条件下，斜纹组织的屈曲缩率要大于缎纹组织的屈曲缩率，在与不饱和聚酯复合之后，斜纹纱线的屈曲率大于缎纹纱线，因此斜纹织物增强的复合材料力学性能低于缎纹织物。(3) 苎麻织物在偶联剂处理后，复合材料力学性能有一定的提高，因此，为追求力学性能，推荐使用偶联剂处理。

8.2 蜂窝夹芯植物纤维复合材料的应用开发

与美国波音公司的合作开启苎麻纤维复合材料飞机应用的第一个试点[1]，其目标是研制一种大变形蜂窝夹芯复合材料制件，其潜在应用是飞机内饰结构。为此，选用飞机内饰结构常用的 Cycom 6070 酚醛树脂作为苎麻纤维增强复合材料的预浸树脂，其供应商为美国 Cytec 公司。蜂窝夹芯材料有两个选项，其一是美国杜邦（Du Pont）公司传统的 Nomex 蜂窝，这是目前国内外应用最广泛的蜂窝结构材料，可以看作为夹芯复合材料的一个材料基准；其二是新开发的木纤维混杂纸新型蜂窝。

表征了 Cycom 6070 树脂热失重行为和流变行为，并与所选苎麻纤维的热失重曲线进行了比较（图 8-2）。由图可见，6070 树脂在 140℃树脂重量损失约为 25%，反映了酚醛树脂在固化时放出的小分子水和甲醛。树脂在 120℃以前的熔体黏度一直小于 0.2Pa·s，随温度升高，树脂黏度迅速变大。苎麻纤维经过表面相容性处理和阻燃处理，到 140℃时的重量损失约为 3%～5%，反映了吸附水的放出。由此，制定该复合材料的真空袋共固化成型工艺首先是真空预热，固化时，模具温度分别为 RT～100℃/1h，100～120℃/2h，120～140℃/

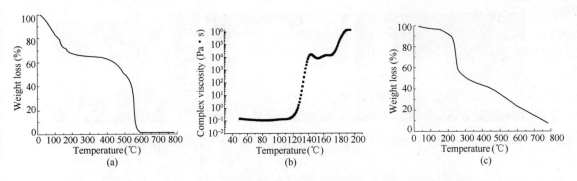

图 8-2　Cycom 6070 树脂的热失重与流变曲线以及苎麻纤维的热失重曲线

（a）Cycom6070 热失重曲线；（b）Cycom6070 熔体黏度曲线；（c）苎麻纤维热失重曲线

1h，最后冷却到 100℃ 以下，停真空。

为了将固化后夹芯复合材料面板的树脂含量控制在 38%～42%，根据树脂和纤维的热失重分析，将固化前树脂含量控制在 50% 左右。同时，为了使树脂更均匀地浸润苎麻纤维，将纤维布浸入到树脂的丙酮溶液中，一定的时间后取出，在 50℃ 的鼓风烘箱中放置 20min，然后称重计算出纤维含胶量。如图 8-3 所示，树脂溶液浓度为 50% 时，将苎麻纤维分别浸润 1min，5min 和 20min，干燥后纤维的含胶量分别为 45%，49% 和 50%，可见在一定的浓度下，树脂在纤维上存在饱和吸附量。同样如图 8-3 所示，将纤维的浸润时间固定为 1min，在 50%，53% 和 56% 的溶液浓度下，纤维的含胶量分别为 45%，48% 和 53%。分析这些数据，在以后的试验中，树脂溶液浓度统一确定为 50%，浸胶时间固定为 5min。

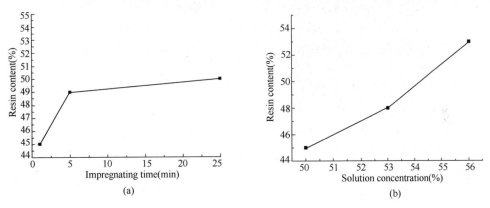

图 8-3　（a）浸润时间和纤维含胶量的关系和（b）溶液溶度和纤维含胶量的关系

预研制的蜂窝夹芯复合材料制件的设计如图 8-4 所示，其制备过程也一并展示。之所以选用这样的结构，是为了考察苎麻纤维织物预浸料/Nomex 蜂窝夹芯的铺贴性能，看其是否能够成型截面变形很大的夹芯复合材料制件。因此，首先试验了 Nomex 蜂窝的变形特性（蜂窝密度 48kg/m³，单元尺寸 3.17mm，蜂窝高度 3.17mm，压缩强度大于 1.64MPa），证明在这样的小厚度下，Nomex 蜂窝具备必要的变形能力。然后，苎麻织物分别经树脂预浸、干燥、蜂窝夹芯铺放、烘箱固化等步骤，最终成型。如照片所示，即便是 90° 的弯角，该苎麻织物面板的蜂窝夹芯复合材料依然显示了良好的铺覆与成型特性，适合于制备复合材料结构的复杂制件。

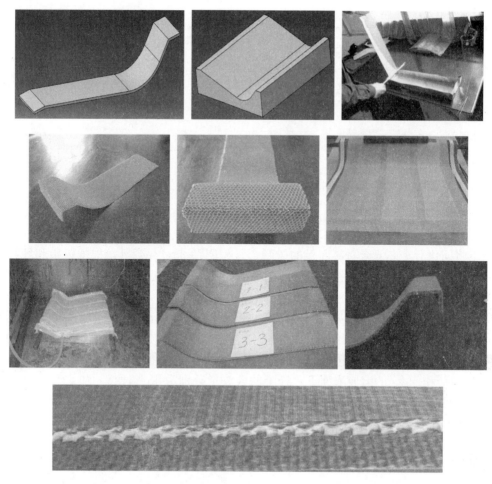

图 8-4　预研制的蜂窝夹芯复合材料制件的设计图和制备过程

除标准传统的 Nomex 纸蜂窝芯外，还开发了一种木纤维混杂纸（木纤维、间位芳纶纤维和聚酯纤维三元混杂）新型蜂窝材料，具有一定的资源可再生性。未经浸胶处理的木纤维混杂纸蜂窝的抗压强度不足，因此，首先将这种纸进行了阻燃和浸胶处理，从而提高了这种新型蜂窝芯的抗压强度。经阻燃处理后木纤维混杂纸的垂直燃烧性能见表 8-8，在合适的处理条件下，能通过 UL94 测试标准的 V-0 级，火焰移去后，余焰的火焰时间为 0s，样条的平均燃烧长度分别为 103mm 和 107mm。而不经过阻燃处理的木纤维混杂纸不能通过 UL94 测试标准。

表 8-8　木纤维混杂纸阻燃处理后的垂直燃烧性能

试样	实验条件	火焰时间（s）	燃烧长度（mm）	平均燃烧长度（mm）	滴落物燃烧时间（s）
1	阻燃处理1	0	100		0
2		0	105	103	0
3		0	103		0
1	阻燃处理2	0	108		0
2		0	110	107	0
3		0	102		0

蜂窝芯具体制备时，首先，按照正常工艺制备白纸蜂窝芯，然后按照阻燃工艺对其进行阻燃处理，烘干后再进行蜂窝芯浸胶处理，固化后得到阻燃的木纤维混杂纸蜂窝芯。该蜂窝芯材体密度约为 40kg/m³，常温下抗压强度为 1.75MPa，L 向剪切强度 1.08MPa，W 向剪切强度 0.60MPa，达到设计使用要求，而白纸蜂窝的抗压强度仅为 0.43 MPa。在 0.3MPa 压力下，固化成型得到木纤维混杂纸蜂窝夹心苎麻纤维面板复合材料如图 8-5 所示。由图可见，这种新型木纤维混杂纸蜂窝芯材的柔韧性非常出色。

图 8-5　木纤维混杂纸蜂窝的制备现场及其手感、样片等照片

针对飞机内饰材料，采用苎麻纤维织物预浸料和黄麻纤维预浸料制备得到的复合材料内饰结构典型件，如图 8-6 所示。夹层结构采用 Nomex 蜂窝芯和植物纤维纸蜂窝芯，工艺采用热压罐工艺和真空袋成型工艺。

定义所研制的新型木纤维混杂纸蜂窝芯材的牌号为 GWEN112-1-1.83-48，其中 1 表示蜂窝芯为正六边形，1.83 表示孔格边长为 1.83mm，48 表示标准体密度为 48kg/m³，表 8-9 为该芯材的常温和高温力学性能，表 8-10 为该芯材与国内外芳纶蜂窝芯材及与美国波音公

图 8-6　木纤维混杂纸蜂窝及其复合材料典型样件的制备现场照片

司 X 研究项目指标的对比。其水迁移实验结果列于表 8-11，试样试验情况如图 8-7 所示。进一步对 GWEN112-1-1.83-48 蜂窝芯按照 HB 5469 标准进行垂直燃烧测试，表 8-12 为燃烧实验测试结果，图 8-8 为蜂窝芯垂直燃烧实验现场照片。

表 8-9   GWEN112-1-1.83-48 蜂窝芯的常温和高温力学性能

项目			室温	80℃	120℃	140℃	160℃	测试标准
稳定型平面压缩强度（MPa）		平均值	1.750	1.110	0.920	0.589	0.555	GB/T 1453
		最小值	1.690	1.034	0.701	0.562	0.495	
平面剪切强度（MPa）	L 向	平均值	1.079	0.740	0.450	—	—	GB/T 1455
		最小值	1.032	0.664	0.406	—	—	
	W 向	平均值	0.606	0.430	0.342	—	—	
		最小值	0.598	0.412	0.341	—	—	
平面剪切模量（MPa）	L 向	平均值	45.367	42.400	18.500	—	—	
		最小值	40.897	37.620	16.440	—	—	
	W 向	平均值	37.842	34.500	11.500	—	—	
		最小值	33.866	31.000	11.000	—	—	

表 8-10   GWEN112-1-1.83-48 蜂窝夹芯复合材料基础性能与国产芳纶蜂窝、杜邦芳纶蜂窝及波音公司指标的比较

蜂窝类型 ＼ 力学性能	平压强度（MPa）	平压模量（MPa）	L 向剪切强度（MPa）	L 向剪切模量（GPa）	W 向剪切强度（MPa）	W 向剪切模量（GPa）
GWEN112	1.75	97.5	1.079	45.367	0.606	37.842
国产间位芳纶	1.890	—	1.420	52.71	0.750	25.10
国产对位芳纶	1.847	—	1.557	105.6	0.843	47.4
杜邦 Nomex	2.007	—	1.467	59.7	0.758	28.3
波音指标值	1.640	—	1.070	36.0	0.580	19.0

图 8-7   GWEN112-1.83-48 纸蜂窝芯水迁移实验现场照片

表 8-11   GWEN112-1.83-48 纸蜂窝芯水迁移

	测试值	指标值	测试标准
芯子水迁移格数	1~3	≤6	ASTM F1645

表 8-12　GWEN112-1.83-48 纸蜂窝芯垂直燃烧结果

	测试值	指标值	测试标准
平均离火自熄时间(s)	0	≤15	
平均烧焦长度(mm)	79	≤150	HB 5469—1991
滴落物平均自熄时间(s)	0	≤3	

图 8-8　GWEN112-1-1.83-48 蜂窝芯垂直燃烧实验照片

8.3　植物纤维及其混杂复合材料壁板的应用开发

苎麻纤维增强复合材料可以直接用于制备许多轻量化内饰结构的复合材料壁板,这方面,本章第 8.1 节"由植物纤维到复合材料用连续增强纤维材料"的介绍为这种应用奠定了基础。

苎麻植物纤维复合材料首先试应用于目前世界上最大的水上飞机项目"蛟龙 600"的内饰结构(图 8-9),该应用参加了 2012 年珠海第九届国际航空航天博览会展览。据了解,这是绿色复合材料技术首次在飞机结构内饰上亮相,向国内外传递了一种非传统、选择性的材料与结构的替代方案,取得了较好的内饰结构美观、减重和隔声的效果,为展示推动低碳、减排的"绿色航空"发挥了非常积极的作用,也得到国内外观众的一致好评。

图 8-9　"蛟龙 600"大型灭火/水上救援水陆两栖飞机内饰件

在蜂窝夹芯复合材料研制中,植物纤维增强复合材料主要用作蜂窝夹芯的两个薄壁面板。有了材料,剩下的就是成型制造技术了,常用的成型工艺包括热压罐工艺、模压工艺、液态成型的 RTM(树脂转移模塑)和 VARI(真空辅助树脂注射)工艺等。图 8-10 所示是采用传统的热压罐工艺,成型制造苎麻纤维复合材料壁板应用于飞机防护结构的一个实例。这种

图 8-10 苎麻纤维复合材料"声学板"、"防冰板"应用实例照片

壁板主要用于螺旋桨飞机机舱减噪，即所谓"声学板"，以及用于防止小冰块袭击机身，即所谓"防冰板"，选用的材料为苎麻纤维与玻璃纤维增强的混杂复合材料。测试结果表明，这种混杂纤维增强复合材料层合板具有高隔声、重量轻、阻燃的特点，能够通过相应的飞机内饰环境适应性试验。

值得注意的是，在这个应用中，开发并选用了苎麻纤维织物与玻璃纤维织物铺层混杂的技术，以充分发挥玻璃纤维增强复合材料技术成熟、性能稳定与苎麻纤维增强复合材料轻质高刚、减振降噪的优点，实现最优搭配组合。实际测试表明，这种层间混杂的复合材料主要力学性能基本服从混合法则，见表 8-13。

表 8-13　苎麻纤维织物与玻璃纤维织物铺层混杂对复合材料层合板力学性能的影响

力学性能 铺层方式	苎麻体积含量 （%）	拉伸强度 （MPa）	拉伸模量 （GPa）	弯曲强度 （MPa）	弯曲模量 （GPa）	冲击韧性 （kJ/m²）
纯苎麻	100	103.52	13.926	121.20	10.269	—
苎麻外/玻纤内	93.2	97.83	13.383	95.25	7.538	
玻纤外/苎麻内	93.2	109.04	12.088	132.56	10.391	
苎麻外/玻纤内	60.5	168.65	14.735	129.26	8.674	90
玻纤外/苎麻内	60.5	180.53	15.166	294.72	19.324	80
苎麻外/玻纤内	43.4	231.98	18.503	199.40	10.425	
玻纤外/苎麻内	43.4	246.27	18.892	342.51	21.050	—
纯玻纤	0	333.01	23.035	333.51	22.134	

　　VARI 工艺适用于制备大型或超大型、简单形状的复合材料制件，而热压罐工艺适用于制备纤维体积含量更高，力学性能更为优异的简单形状复合材料制件，但其加工成本相比于VARI 要高出许多，制约工业复合材料的低成本化。模压工艺对非规模化生产同样也存在加工成本高的问题。因此，在民用工业领域，大量玻璃纤维增强复合材料采用 VARI 工艺制备而成，其原料玻璃纤维布或毡表面孔隙率大，便于树脂渗透。但为了追求适当高一些的力学性能，所选的苎麻纤维织物比较致密，以不增加复合材料制件总厚度的情况下提高苎麻纤维的体积含量，从而增加复合材料的力学性能，因此，研究如何通过控制树脂的黏度和加工工艺，制备得到高纤维体积分数和高力学性能的复合材料制品就显得很重要，而为了保证制件的表面质量，VARI 工艺里常用的胶衣层和植物纤维的相容性问题也值得研究。

图 8-11 为昆明地铁 1 号线车厢中间侧墙大开口苎麻纤维/玻璃纤维增强混杂复合材料壁板的制备过程。该复合材料制件经过三年以上的试运行，取得了较好的内饰结构减重、隔声的效果，实现了连续植物纤维增强复合材料在我国轨道工具内饰材料领域的首次验证及应用。

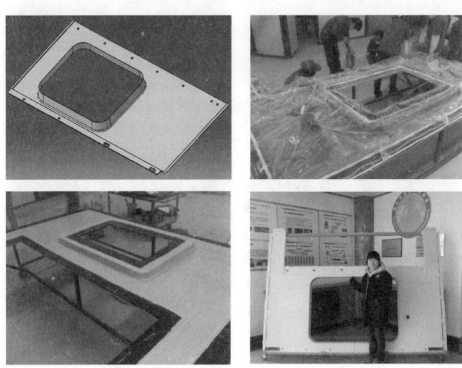

图 8-11　地铁车厢的苎麻纤维混杂复合材料大开口壁板的制备过程

作为纺织行业的基础材料之一，植物纤维纱线及其织物具有多种自然颜色，也可以进行工业化的漂染、印染、彩绘等，满足不同用途的色彩及图案要求。因此，植物纤维增强复合材料在应用方面就具有传统增强纤维（碳纤维、玻璃纤维、芳纶纤维）所不具备的色彩优势。在复合材料制备过程中，将彩色或带有图案的植物纤维织物或预浸料铺贴于复合材料制件的外表面，经过液态成型或热压成型后，制件就具有了相应的色彩或图案，可以省去喷漆或加贴外装饰纸的过程，实现成型和装饰一步完成，既节省制作时间，又降低加工成本。尤其可贵的是，植物纤维根据品种不同，通常多为中空或多空腔结构，这在材料行业，可以用于减振、吸能、降噪等特殊场合，因此，植物纤维相对于传统的玻璃纤维增强材料，天然就带有多功能性。将植物纤维所有这些特质和优势结合起来，开发一种既具有装饰特色，又具有结构材料特性的多功能复合材料及其制件，必然具有强烈的时尚性、时代性和创新性。一个概念性的试制工作结果如图 8-12[2] 所示。

这个概念性展示件的特点是：（1）针对植物纤维增强复合材料相比玻璃纤维增强复合材料较低的力学性能，从材料结构设计出发，通过使用连续植物纤维织物来提高复合材料的整体力学性能，又通过表面增容处理来提高植物纤维与工业树脂的界面粘结性能。（2）植物纤维易燃，为此，在表面增容处理的同时，进一步发展了一种植物纤维阻燃处理的技术与方法，从而形成一套完整的植物纤维阻燃与表面增容的处理技术。（3）针对复合材料低制造成

图 8-12　苎麻纤维混杂表面装饰复合材料大开口壁板的概念性应用

本的需求，选择植物纤维布作为载体，研制发展了一类通用型的植物纤维连续增强干态织物的产品，这种织物产品具有高界面增容粘结、阻燃的特点，既适用于预浸料复合材料的选用，也适用于液态成型复合材料的使用。（4）发挥植物纤维织物的易染色、可印染的优势，将带有色彩或者图案的植物纤维置于复合材料的外层，得到一种成型后无需喷漆或加贴外装饰纸，即有表面装饰效果的复合材料。目前，这个技术已获得国际发明专利。

　　制品开发中所用到的苎麻纤维增强复合材料的燃烧性能由表 8-14～表 8-17 给出。

表 8-14　阻燃苎麻纤维织物增强酚醛树脂 Cycom6070 复合材料层合板的垂直燃烧性能数据

测试标准	测试项目	实测值
FAR25.853 60s 垂直燃烧性能	离火自熄时间（s）	0
	损毁长度焦烧长度（mm）	41
	滴落物的自熄时间（s）	ND（不能自熄）

表 8-15　阻燃苎麻纤维织物 RW150 增强阻燃不饱和聚酯的垂直燃烧性能数据

测试标准	测试项目	实测值
DIN5510 180s 垂直燃烧性能	燃烧性（级）	S4
	烟扩散（级）	SR2
	滴落性（级）	ST2

表 8-16　生物质环氧树脂 3233C/EW250F 复合材料层合板的垂直燃烧性能

测试标准	测试项目	实测值
HB5469 60s 垂直燃烧性能	离火自熄时间（s）	4.5
	损毁长度焦烧长度（inch）	4.4
	滴落物的自熄时间（s）	3.7

表 8-17　阻燃苎麻纤维织物增强 Cycom6070 夹层结构复合材料的热释放率性能数据

测试标准	测试项目	苎麻/黄麻/蜂窝/黄麻/苎麻	苎麻/苎麻/蜂窝/苎麻/苎麻
FAR25.853 热释放率	总热释放 （kW · min/m²）	34.19	40.63
		32.48	44.83
	峰值热释放 （kW/m²）	34.06	40.41
		40.96	41.53

注：其夹层结构表面增强层为一层苎麻织物和一层黄麻织物组成以及两层苎麻织物组成。

参考文献

［1］ Yi，X. S. Liu，Y. et al. Composite having plant fiber textile and fabricating method thereof［P］. PCT-patent/CN 2013/072087，WO 2013/127368.

［2］ Yi，X. S.，et al. A method for fabricating structure-decorative composites with plant fiber fabrics［P］. PCT-patent in pending，2015.

9 展　　望

进入 21 世纪以来，绿色材料、绿色制造正在成为发达国家的一个共同行动。2015 年，我国政府发布的《中国制造 2025》中多次提到"绿色"，因此可以相信，自"十三五"规划起，我国也将在绿色材料和绿色制造领域采取更多的行动。那么，在可预见的未来，绿色材料，特别是绿色复合材料究竟会有哪些发展机遇和挑战呢？

纵观世界上绿色复合材料技术的发展，大多数绿色复合材料产品目前主要还处在展示和试用阶段。举 2015 年度国际上最大的复合材料展——JEC 为例，其展示的绿色复合材料产品主要以连续植物纤维增强的形式出现，用以制造板材、片材和蜂窝结构等，如图 9-1 和图 9-2 所示。某种意义上，这是一种对传统玻璃纤维增强复合材料的补充。

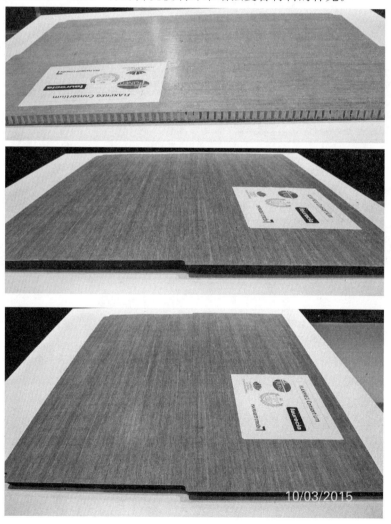

图 9-1　连续植物纤维增强的蜂窝夹芯复合材料板材展示件

图 9-2 其他各种形式的连续植物纤维增强复合材料样件以及生物质树脂浸渍的
玄武岩纤维复合材料样件（Basltex）

出于资源友好、绿色环保等目的，国际上也发展、推出替代玻璃纤维增强复合材料的植物纤维增强复合材料冲浪板、滑水板等（图 9-3），还包括绿色复合材料滑雪板和滑轮车等（图 9-4），大大丰富了这些休闲体育市场的选择性和绿色体育的娱乐性。

图 9-3 连续植物纤维增强的绿色复合材料冲浪板、滑水板等展示件

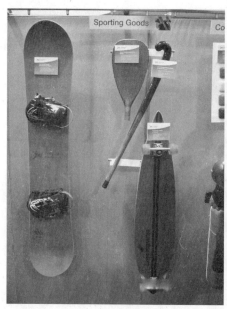

图 9-4　连续植物纤维增强的其他绿色复合材料滑雪板、
滑轮车等展示件

　　就时尚性和娱乐性而言，连续植物纤维增强复合材料的自行车车架（图 9-5）近来已出现在一些展会上，引起市场的一定关注，其发展目标是合适的性价比。

图 9-5　连续植物纤维增强的复合材料
自行车车架结构展示件

　　利用连续植物纤维增强复合材料的特定的刚性及其连带的时尚性，展会上也出现了一些复合材料乐器如吉他以及音箱喇叭的"纸盆"（图 9-6），这些新设计和新产品尚不足以冲击音乐和音响的传统市场，但不失为一种时尚的补充。

　　在个人安全防护领域，面向日用品市场，一些企业也推出连续植物纤维增强或混杂纤维增强的复合材料头盔、绿色婴儿提篮，以及旅行箱包等（图 9-7）。

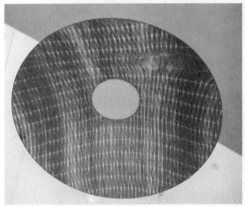

图 9-6　连续植物纤维增强复合材料的吉他和喇叭"纸盆"展示件

图 9-7　连续植物纤维增强的复合材料头盔、婴儿提篮和绿色箱包展示件（一）

图 9-7　连续植物纤维增强的复合材料头盔、婴儿提篮和绿色箱包展示件（二）

让绿色复合材料直接进入航空领域的难度很大，有些企业另辟蹊径，研制推出连续植物纤维增强的蜂窝夹芯生物质树脂基复合材料板材，并装配成为航空餐车（图 9-8），这个新产品获得 2015 年度 JEC 的"创新奖"。

图 9-8　连续植物纤维增强复合材料面板的航空餐车样件

相对于航空复合材料制件市场的高门槛，汽车内饰领域的绿色复合材料应用已有一定的规模，这主要是非承力的一些壁板或衬板等（图9-9），这种复合材料应用还可以额外提供一定的阻尼、吸声特性，是一种发挥植物纤维特色的典型应用。

综合考虑绿色复合材料技术的国内市场发展的条件，材料与制造的性价比始终会是一个最重要的制约环节，因此，针对一些对价格不是特别敏感的产品，发挥绿色复合材料的特质和特色，可能成为国内今后一个时期绿色复合材料技术发展的突破口。据此，绿色复合材料北京市工程实验室及中航复材（北京）科技有限公司近年研制推出一款苎麻纤维与碳纤维混杂的所谓"碳麻纤维混杂"自行车（图9-10），仔细观察其车架结构，碳麻纤维混杂的纹路清晰可见。由于苎麻纤维独特的中空结构具有天然的刚性、轻质和阻尼减震功能，将其与碳纤维混杂，可部分平衡碳纤维复合材料的刚性，降低自行车骑行中的颠簸感，而且可使自行车质量更轻，创造更加舒适的骑乘体验。而且，苎麻纤维织物通过印染、彩绘，可形成灿烂的色彩和丰富的图案，增加了自行车的时尚性，使自行车的图案设计更加个性化、可定制化，更好地迎合时下年轻人的个性化需求。并且，苎麻纤维的价格不及碳纤维的一半，

图9-9　连续植物纤维无纺织物复合材料汽车内饰板及衬板等展示件

图9-10　苎麻纤维/碳纤维混杂复合材料的自行车车架展示件

其混杂使用可成为材料低成本化的利器。作为天然材料，苎麻可自然降解，来自自然又还原自然，是循环经济的优秀示范。可见，苎麻纤维的加入不仅给自行车注入了绿色元素，而且相比纯碳纤维结构，碳麻纤维混杂自行车质量更轻，速度更快，外观更美，材料更环保，为"绿色出行"提供了一种全新的选择。

此外，绿色复合材料北京市工程实验室及中航复材（北京）科技有限公司还针对碳纤维提琴刚度有余而柔性不足的特点，研制开发了一款苎麻纤维与碳纤维混杂的所谓"碳麻提琴"（图 9-11），这种提琴综合了碳纤维的刚度和苎麻纤维的阻尼减振特性，平衡了碳纤维琴中音与低音的欠缺，提供给提琴音域一个更加广阔的选材和设计空间。同理，在一款滑雪靴护板的设计和制备上，由于引入苎麻纤维铺层与碳纤维铺层混杂，弥补了纯碳纤维制品的刚度过大的缺点，补充以一定的阻尼特性，目前已成功打入国际市场。

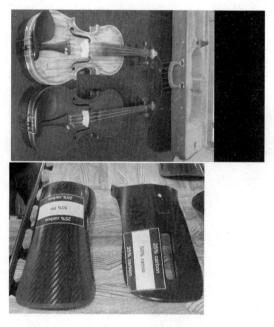

图 9-11　苎麻纤维/碳纤维混杂小提琴与
滑雪靴护板新产品

展望可见的未来，绿色复合材料技术的发展将会是一个渐进、创新、创意的过程，需要采取时尚设计-综合优势应用并举的发展策略。